U0177111

重庆市畜禽地方标准汇编

Chongqing shi Chuqin Difang Biaozhun Huibian

（2011—2022）

（上册）

重 庆 市 畜 牧 技 术 推 广 总 站
重庆市生猪产业技术体系创新团队　编
重庆市畜牧兽医标准化技术委员会

中 国 农 业 出 版 社
北　京

图书在版编目（CIP）数据

重庆市畜禽地方标准汇编．上册 / 重庆市畜牧技术
推广总站，重庆市生猪产业技术体系创新团队，重庆市畜
牧兽医标准化技术委员会编．—北京：中国农业出版社，
2022.11

ISBN 978-7-109-30186-3

Ⅰ．①重… Ⅱ．①重… ②重… ③重… Ⅲ．①畜禽—
地方标准—汇编—重庆 Ⅳ．①S8-65

中国版本图书馆 CIP 数据核字（2022）第 215752 号

中国农业出版社出版

地址：北京市朝阳区麦子店街 18 号楼

邮编：100125

责任编辑：全 聪 文字编辑：孙蕴琪

版式设计：李 文 责任校对：周丽芳

印刷：中农印务有限公司

版次：2022 年 11 月第 1 版

印次：2022 年 11 月北京第 1 次印刷

发行：新华书店北京发行所

开本：880mm×1230mm 1/16

总印张：44.75

总字数：1418 千字

总定价：168.00 元（上、下册）

编　委　会

主　任：汤　明

副主任：贺德华

委　员：陈红跃　李发玉　张　科　李小琴　袁昌定

编写人员

主　编： 陈红跃　贺德华　朱　燕　何道领

副主编： 张　科　谭剑蓉　李小琴　蒋林峰

编　者：（以姓氏笔画为序）

马秀云　王　玲　王　震　王小燕　王可甜　王自力
王高富　王海威　韦艺媛　方　亚　尹权为　邓小龙
左福元　冉启凡　付树滨　吕发生　吕景智　朱　丹
朱　燕　向白菊　刘　羽　刘志云　李周权　李学琼
李晓波　李常营　肖　颖　别应堂　何　玮　何道领
张　科　张　健　张　晶　张素辉　张家骅　张璐璐
陈　静　陈红跃　罗文华　罗恩全　周丽萍　屈治权
荆战星　胡　健　胡　源　钟正泽　钟绍智　侯亚莉
贺德华　骆世军　秦友平　敖方源　夏云霓　徐远东
徐恢仲　翁昌龙　凌　虹　高立芳　郭宗义　黄文艳
康　雷　蒋　安　程　尚　曾　兵　蒲施桦　蔺　露
谭千洪　谭宏伟　谭剑蓉

审　稿： 何道领　朱　燕

序

众所周知，"标准"是科学技术和实践经验的总结，标准化是科研、生产、使用三者之间的桥梁。在畜禽养殖生产实践中，标准化更是提高养殖效率、增加养殖效益的最佳途径。长久以来，重庆市农业农村委员会高度重视畜牧行业有关标准的制定和推广，围绕畜禽品种、饲养规范、场址建设、疫病防控等环节制定发布了一系列符合重庆特色的畜禽养殖地方标准，为全市畜禽养殖业的持续健康发展起了良好的促进作用。

为适应现代畜牧业发展的需要，促进"十四五"重庆市畜牧业的高质量发展，重庆市畜牧兽医标准化技术委员会梳理了自2011年以来，重庆市畜牧兽医行业现行有效的111个地方标准，汇编成《重庆市畜禽地方标准汇编（2011—2022）》（上、下册）。这是一部兼具科学价值和实用价值的畜牧工具书，它的出版将对促进畜牧业高质量发展具有重要意义。

《重庆市畜禽地方标准汇编（2011—2022）》（上、下册）系重庆市首次系统收集、整理的地方标准汇编，汇编的标准涵盖面广、涉及环节众多，凝聚了重庆市畜牧业管理者、专家、教授和基层科技工作者的心血，不仅是重庆市2011年以来制定颁布的行业有关标准成果的一次全面集中展示，也是加强地方标准宣贯的一种有效形式。值该书出版之际，谨向参与标准制定、收集、整理工作的全体同志表示衷心感谢和热烈祝贺！诚请社会各界继续关心、支持重庆市畜牧产业发展。殷切希望全市广大畜牧工作者充分利用好、宣传贯彻好，积极推广有关地方标准，为推动重庆现代特色效益畜牧业高质量发展、保障畜产品有效供给、促进畜牧业增效和农民致富作出新的、更大的贡献。

前　言

近年来，重庆市以生猪为重点的畜牧业加快转型，猪、牛、羊、禽、兔、蜂等产业协同发展，市场供应总体平稳，发展预期持续向好。"十四五"时期，重庆市以习近平新时代中国特色社会主义思想为指导，以成渝地区双城经济圈建设为契机，以实施乡村振兴战略为引领，以农业供给侧结构性改革为主线，坚持市场主导、防疫优先、绿色发展和政策引导，大力发展规模化、标准化养殖，加快构建现代畜禽养殖体系、动物防疫体系和加工流通体系，全面推进畜牧业疫病防控、安全保障、绿色发展、整体竞争等能力提升，持续推进全市畜牧业的高质量发展。

畜牧业标准作为产业发展的技术基础和科技成果转化的桥梁纽带，对提高畜产品质量安全水平、提升行业监管能力、规范市场行为、促进养殖场（户）提质增效，具有不可替代的重要作用。为推动重庆市山地特色畜禽养殖业发展，方便广大畜牧生产从业人员、科研教学工作者和行业管理人员在生产实践和工作中了解和应用相关标准，重庆市畜牧兽医标准化技术委员会将 2011—2022 年制定发布且现行有效的畜牧兽医有关地方标准汇编成册，以飨读者。

由于时间仓促，难免有疏漏和错误之处，敬请广大读者批评指正。

编委会

总　目　录

序
前言

上册目录

一、猪

（19个）

ICS 65.020.30
CCS B 43

DB50

重 庆 市 地 方 标 准

DB50/T 1073—2021

巫溪土猪生产技术规范

2021-01-14 发布 2021-04-01 实施

重庆市市场监督管理局 发布

前　言

本文件按照 GB/T 1.1—2020《标准化工作导则　第 1 部分：标准化文件的结构和起草规则》的规定起草。

本文件由重庆市农业农村委员会提出并归口。

本文件起草单位：重庆荣财实业有限公司、重庆市农业技术推广总站、重庆市畜牧业协会、重庆市农产品质量安全中心、重庆市畜牧技术推广总站。

本文件主要起草人：陈红跃、李姗蓉、任自安、况觅、董鹏、张海彬、张希、王震、何道领。

巫溪土猪生产技术规范

1 范围

本文件规定了巫溪土猪生产技术的术语与定义、规划布局、猪的引进、饲养管理、兽药使用、卫生消毒、出栏要求、废弃物处理、档案管理等内容。

本文件适用于巫溪土猪的生产。

2 规范性引用文件

下列文件中的内容通过文中的规范性引用而构成本文件必不可少的条款。其中，注日期的引用文件，仅该日期对应的版本适用于本文件；不注日期的引用文件，其最新版本（包括所有的修改单）适用于本文件。

GB 5084 农田灌溉水质标准

GB 13078 饲料卫生标准

GB 18596 畜禽养殖业污染物排放标准

NY/T 388 畜禽场环境质量标准

NY/T 391 绿色食品 产地环境质量

NY/T 471 绿色食品 饲料及饲料添加剂使用准则

NY/T 472 绿色食品 兽药使用准则

NY/T 473 绿色食品 畜禽卫生防疫准则

NY/T 1168 畜禽粪便无害化处理技术规范

3 术语与定义

下列术语和定义适用于本文件。

3.1

巫溪土猪

含有当地猪种血缘50％以上，以玉米、红薯、土豆等粮食和青绿多汁饲料为主食，采用巫溪农村传统养殖方法或现代饲养方式，生长育肥期达10个月以上的猪。

3.2

休药期

从停止给药到许可屠宰上市的间隔时间。

4 规划布局

4.1 场址

4.1.1 应符合当地土地利用规划、环境保护的要求，选择地势高燥、通风良好、交通便利、水电供应稳定、隔离条件较好的地方，符合 NY/T 388 的规定。

4.1.2 产地环境质量应符合 NY/T 391 的规定。

4.2 布局

4.2.1 猪场内应合理布局，分为生活管理区、生产区、隔离区和粪污区。隔离区、粪污区与生活管理区和生产区保持距离，实行相对封闭式管理。

4.2.2 生产区内应设有净道和污道，净道与污道禁止交叉共用。

4.3 猪舍建造

4.3.1 猪舍宜通风换气良好、经济环保实用，便于清粪、排污、消毒。猪舍地面和墙壁应便于清洗、消毒。

4.3.2 各生长阶段的生猪饲养密度适宜，猪舍内猪的平均体重达 10kg～20kg 时，每头猪宜占面积 0.2m² 以上；猪的平均体重达 20kg～60kg 时，每头猪宜占面积 0.6m² 以上；猪的平均体重达 60kg 以上时，每头猪宜占面积 1m² 以上。

5 猪的引进

5.1 引进猪应符合巫溪土猪的规定，商品猪应含当地猪种血缘 50％ 以上。

5.2 所引猪应检疫合格。

6 饲养管理

6.1 饲养方式

6.1.1 猪场饲养：宜小单元饲养，湿拌生喂，前期自由采食，后期限制饲养。

6.1.2 农户饲养：宜熟食稀喂。

6.2 饮水要求

应保持饮水清洁，猪可自由饮水。水质应符合 NY/T 391 的要求。

6.3 饲料要求

6.3.1 饲料原料宜以玉米、红薯、土豆等为主，混合调制，饲料质量应符合 GB 13078 的要求。

6.3.2 青绿多汁饲料应新鲜、无污染、无腐烂。

6.3.3 饲料添加剂的使用应符合 NY/T 471 的要求。

6.4 管理方式

6.4.1 保育猪管理：保持圈舍卫生、干燥，加强猪群调教，训练猪群吃料、睡觉、排便"三定位"，在低温季节注意保育猪的保温。

6.4.2 育肥猪管理：保持舍内清洁、干燥，温度适宜，注意观察猪群排粪情况、食欲情况、健康状况等，发现异常及时处理。

7 兽药使用

应执行兽药休药期制度，休药期不少于 28d，药物使用应符合 NY/T 472 的规定。

8 卫生消毒

生猪养殖场（户）卫生防疫符合 NY/T 473 的规定，卫生消毒作业按照附录 A 的要求执行，消毒剂选择应符合附录 A.4 的要求。

9 出栏要求

9.1 生长肥育期达到 10 个月以上，体重达到 110kg 以上，方可出栏。

9.2 商品猪上市前应检疫合格。

10 废弃物处理

10.1 猪场废弃物宜资源化利用，不得随意排放，造成环境污染。

10.2 病死猪处理应在当地兽医部门指导下进行，根据实际情况采用焚烧法、化制法、高温法、深埋法、硫酸分解法等方法处理。

10.3 固体粪便处理应符合 NY/T 1168 的要求。

10.4 污水经无害化处理后，用于农田灌溉应符合 GB 5084 的规定，对外排放应符合 GB 18596

的规定。

11 档案管理

猪场管理应建立养殖档案，符合附录 B 的要求

附　录　A
（规范性）
卫生消毒指导要求

A.1　消毒前的准备

A.1.1　消毒人员

应根据养殖场户规模合理确定消毒人员。

A.1.2　消毒器械和工具

高压冲洗机、扫帚、叉子、铲子、铁锹、水管、防护用品（如防护服、口罩、手套、护目镜、防护靴等）。

A.1.3　消毒剂

1％～2％氢氧化钠（火碱）、1％～2％戊二醛溶液、氯制剂、生石灰。

A.2　圈舍消毒程序

A.2.1　清理

对养殖场（户）猪舍内污物、粪便、饲料、垫料、垃圾等进行初步清理，集中收集。

A.2.2　首次消毒

A.2.2.1　使用高压冲洗机将1％～2％火碱溶液或其他消毒液喷洒至猪舍内外环境中。

A.2.2.2　喷洒消毒液时，应按照从上到下、从里到外的原则，即先屋顶、屋梁钢架，再墙壁，最后地面，力求仔细、干净、不留死角。

A.2.3　再次清理

A.2.3.1　喷洒消毒液至少1h后，应使用扫帚、叉子、铲子、铁锹等工具，再次彻底清扫猪舍内残留的粪便、垫料、灰尘等。

A.2.3.2　将清扫的粪便、垃圾等污染物集中收集在包装袋内，进行深埋等无害化处理，也可堆积发酵。

A.2.4　二次消毒

同A.2.2首次消毒方法。

A.2.5　彻底清洗

A.2.5.1　喷洒消毒液至少1h后，使用高压冲洗机彻底清洗猪舍内残留的粪便、垫料、灰尘等。

A.2.5.2　冲洗屋顶等高处时要踩着架子，仔细冲洗每根角铁、钢丝绳、吊绳的两侧，要从一个方向直接冲洗到另一个方向；风机要从里向外冲洗，将风筒、防护网、头端外墙、大门一起冲洗干净；冲洗篷布里面时要放起吊绳，将篷布展开，从屋顶开始，从上到下冲洗，最后吊起篷布冲洗篷布外面和散水；冲洗进风口时不要向里冲洗。冲洗每段水线内部时要从一侧开始冲洗，一侧干净之后再从另一侧冲洗，即两侧均要经过高压冲洗；水线、料线外侧的两侧均要冲洗。

A.2.5.3　彻底冲洗干净后，应由相关人员认真检查冲洗质量。要求冲洗后，所有设备、墙角、进风口、地面等均无粪便、灰尘、蜘蛛网、污染物。

A.2.5.4　如检查不合格，应按照上述步骤再次消毒后重新清洗，直至彻底清洗干净。

A.2.6　终末消毒

A.2.6.1　检查合格后，可进行彻底的终末消毒。进行终末消毒时，对墙面、顶棚和地面喷洒消毒液，以表面全部浸湿为标准。

A.2.6.2　可用火焰喷射器对猪舍的墙裙、地面、金属笼具等耐高温的物品进行火焰消毒。

A.2.6.3　消毒记录。应逐日、逐次进行消毒记录，记录内容应包括消毒地点、消毒时间、消毒人员、消毒药名称、消毒药浓度、消毒方式等。

A.3　场区内环境消毒

A.3.1　对养殖场（户）生活区（办公场所、宿舍、食堂等）的屋顶、墙面、地面用1%戊二醛或氯制剂喷洒消毒。

A.3.2　在场区或院落地面洒布生石灰或戊二醛、火碱溶液消毒。

A.3.3　进出门口铺设与门同宽、长8 m的消毒草垫，洒布戊二醛或火碱溶液，使其保持浸湿状态。

A.3.4　污水集中收集，按比例投放氯制剂（漂白粉、二氧化氯）消毒。

A.3.5　消毒药要交替使用，每2d交替更换1次。

A.3.6　每日消毒1次，连续7d，之后每周消毒3次，持续消毒3周。

A.3.7　逐日、逐次进行消毒登记，登记内容应包括消毒地点、消毒时间、消毒人员、消毒药名称、消毒药浓度、消毒方式等。

A.4　消毒剂选择方案

消毒剂选择方案见表A.1。

表 A.1　消毒剂选择方案

应用范围		推荐种类
车辆	车辆及运输工具	酚类、戊二醛类、季铵盐类、复方含碘类（碘、磷酸、硫酸复合物）
生产加工区	大门口及更衣室消毒池、脚踏池	氢氧化钠
	畜舍建筑物、圈栏、木质结构、水泥表面、地面	氢氧化钠、酚类、戊二醛类、二氧化氯类
	生产、加工设备及器具	季铵盐类、复方含碘类（碘、磷酸、硫酸复合物）、过硫酸氢钾类
	环境及空气消毒	过硫酸氢钾类、二氧化氯类
	饮水消毒	季铵盐类、过硫酸氢钾类、二氧化氯类、含氯类
	人员皮肤消毒	含碘类
	衣、帽、鞋等可能被污染的物品	过硫酸氢钾类
办公、生活区	办公、饲养人员的宿舍、公共食堂等场所	二氧化氯类、过硫酸氢钾类、含氯类
人员、衣物	进出人员；隔离服、胶鞋等	过硫酸氢钾类

附　录　B

（规范性）

畜禽养殖档案要求

B.1　畜禽养殖场建立养殖档案载明内容

B.1.1　畜禽的品种、数量、繁殖记录、标识情况、来源和进出场日期。

B.1.2　饲料、饲料添加剂等投入品和兽药的来源、名称、使用对象、时间和用量等有关情况。

B.1.3　检疫、免疫、监测、消毒情况。

B.1.4　畜禽发病、诊疗、死亡和无害化处理情况。

B.1.5　畜禽养殖代码。

B.1.6　农业农村部规定的其他内容。

B.2　畜禽防疫档案载明内容

B.2.1　养殖场

名称、地址、畜禽种类、数量、免疫日期、疫苗名称、畜禽养殖代码、畜禽标识顺序号、免疫人员以及用药记录等。

B.2.2　散养户

户主姓名、地址、畜禽种类、数量、免疫日期、疫苗名称、畜禽标识顺序号、免疫人员以及用药记录等。

B.3　畜禽养殖代码

B.3.1　畜禽养殖代码由县级人民政府畜牧兽医行政主管部门按照备案顺序统一编号，每个畜禽养殖场、养殖小区只有1个畜禽养殖代码。

B.3.2　畜禽养殖代码由6位县级行政区域代码和4位顺序号组成，作为养殖档案编号。

B.4　个体养殖档案

B.4.1　个体养殖档案注明标识编码、性别、出生日期、父系和母系品种类型、母本的标识编码等信息。

B.4.2　调运种畜时应在个体养殖档案上注明调出和调入地，个体养殖档案应随同调运。

B.5　养殖档案和防疫档案保存时间

商品猪、禽为2年；牛为20年；羊为10年；种畜禽长期保存。

B.6　从事畜禽经营的销售者和购买者应向所在地县级动物疫病预防控制机构报告、更新防疫档案相关内容。销售者或购买者属于养殖场的，应及时在畜禽养殖档案中登记畜禽标识编码及相关信息的变化情况。

B.7　畜禽养殖场养殖档案及种畜个体养殖档案格式由农业农村部统一制定。

ICS 65.020.30
CCS B 43

DB50

重 庆 市 地 方 标 准

DB50/T 1090—2021

集约化猪场空气质量自动监测技术规范

2021-03-05 发布   2021-06-01 实施

重庆市市场监督管理局 发 布

前　言

　　本文件按照 GB/T 1.1—2020《标准化工作导则　第 1 部分：标准化文化的结构和起草规则》的规定起草。

　　本文件由重庆市农业农村委员会提出并归口。

　　本文件起草单位：重庆市畜牧科学院、重庆市质量和标准化研究院、美国密苏里大学。

　　本文件主要起草人员：蒲施桦、龙定彪、简悦、廖洪波、王浩、曾雅琼、黄萍、朱佳明、林挺治、崔龙国。

集约化猪场空气质量自动监测技术规范

1 范围

本文件规定了集约化猪场空气质量自动监测的术语和定义、系统配置、监测布点、数据统计和质量与保障等内容。

本文件适用于采用自动监测仪器对集约化猪场的氨气（NH_3）、硫化氢（H_2S）、二氧化碳（CO_2）、$PM_{2.5}$、PM_{10}等主要环境因子进行监测。

2 规范性引用文件

下列文件中的内容通过文中的规范性引用而构成本文件必不可少的条款。其中，注日期的引用文件，仅该日期对应的版本适用于本文件；不注日期的引用文件，其最新版本（包括所有的修改单）适用于本文件。

GB 3095　环境空气质量标准

GB 8170　数值修约规则与极限数值的表示和判定

GB/T 18204.2—2014　公共场所卫生检验方法　第2部分：化学污染物

GB/T 25476　可调谐激光气体分析仪

HG/T 3987　电化学式硫化氢气体检测仪

HJ 93　环境空气颗粒物（PM_{10}和$PM_{2.5}$）采样器技术要求及检测方法

HJ 193　环境空气气态污染物（SO_2、NO_2、O_3、CO）连续自动监测系统安装验收技术规范

HJ 653　环境空气颗粒物（PM_{10}和$PM_{2.5}$）连续自动监测系统技术要求及检测方法

HJ 655　环境空气颗粒物（PM_{10}和$PM_{2.5}$）连续自动监测系统安装和验收技术规范

HJ 817　环境空气颗粒物（PM_{10}和$PM_{2.5}$）连续自动监测系统运行和质控技术规范

HJ 818　环境空气气态污染物（SO_2、NO_2、O_3、CO）连续自动监测系统运行和质控技术规范

HJ 870　固定污染源废气　二氧化碳的测定　非分散红外吸收法

JJG 631　氨氮自动监测仪

JJG 635　一氧化碳、二氧化碳红外气体分析器

JJG 695　硫化氢气体检测仪检定规程

JJG 1105　氨气检测仪检定规程

NY/T 388　畜禽场环境质量标准

3 术语和定义

HJ 193、HJ 653界定的以及下列术语和定义适用于本文件。为了便于使用，下面重复列出了HJ 193、HJ 653中的某些术语和定义。

3.1

集约化猪场　intensive pig farm

进行集约化经营的养猪场，集约化养殖是指在单位场地内，投入更多的生产资料和劳动，采用先进的工艺与技术措施，进行精心管理的饲养方式。

［来源：GB 18596—2001，2.1，有修改］

3.2

点式分析仪器　point analyzer

在固定点上通过采样系统将环境空气采入并测定空气污染物浓度的监测分析仪器。［来源：HJ

193—2013，3.2]

3.3

舍区 pig house

生猪所处的封闭的生活区域，即生猪直接的生活环境区。

［来源：NY/T 388—1999，3.2，有修改］

3.4

场区 field area

集约化猪场围栏或院墙以内、舍区以外的区域。

［来源：NY/T 388—1999，3.3，有修改］

3.5

空气动力学当量直径 aerodynamic diameter

指单位密度（$\rho_0 = 1g/m^3$）的球体，在静止空气中作低雷诺数运动时，达到与实际例子相同的最终沉降速度时的直径。

［来源：HJ 653—2013，3.1］

3.6

颗粒物（粒径小于等于10μm） particulate matter（PM$_{10}$）

指环境空气中空气动力学当量直径小于等于$10\mu m$的颗粒物，也称可吸入颗粒物。

［来源：HJ 653—2013，3.4］

3.7

颗粒物（粒径小于等于2.5μm） particulate matter（PM$_{2.5}$）

指环境空气中空气动力学当量直径小于等于$2.5\mu m$的颗粒物，也称细颗粒物。

［来源：HJ 653—2013，3.5］

3.8

零点漂移 zero drift

在未进行维修、保养或调节的前提下，仪器按规定的时间运行后，仪器的读数与零输入之间的偏差。

［来源：HJ 193—2013，3.4］

3.9

量程漂移 span drift

在未进行维修、保养或调节的前提下，仪器按规定的时间运行后，仪器的读数与已知参考值之间的偏差。

［来源：HJ 193—2013，3.5］

4 系统配置要求

4.1 监测系统的空气污染物浓度分析方法

气体监测系统选用的空气污染物浓度分析方法见表1。

表1 气体监测选用的空气污染物浓度分析方法

序号	监测项目	分析方法	方法来源
1	PM$_{2.5}$、PM$_{10}$	激光光散射原理；β射线吸收法；微量振荡天平法	HJ 93 HJ 653 HJ 655
2	NH$_3$	氨气敏电极法；化学发光法；差分吸收光谱法； 可调谐半导体激光吸收光谱法	JJG 631 JJG 1105 GB/T 18204.2 GB/T 25476

表 1（续）

序号	监测项目	分析方法	方法来源
3	H$_2$S	光谱分析法；电化学分析法；色谱分析法	JJG 695 HG/T 3987
4	CO$_2$	非分散红外吸收法；红外吸收法；气相色谱法	JJG 635 HJ 870 GB/T 18204.2

4.2 系统构成

监测系统由采样装置、校准设备、点式分析仪器、数据采集和传输设备组成，如图 1 所示。

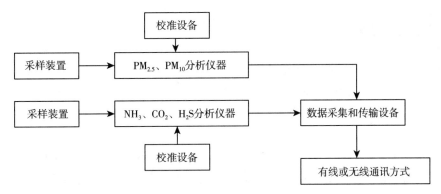

图 1 点式连续监测系统组成示意图

4.3 采样气路安装要求

4.3.1 采样要求

4.3.1.1 除 PM$_{2.5}$，PM$_{10}$分析仪单独采样外，多台点式分析仪器可共用一套多点气体采样设备，集中进行样品采集。如图 2 所示。

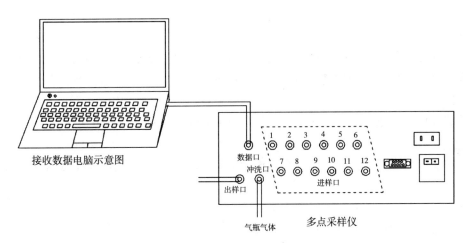

图 2 多点采样仪示意图

4.3.1.2 正式采集气体样品前，应先断开采样气路，开启多点气体采样仪，运行独立气管 3min～8min，视气管长短而定。待排出气管中残留的气体，再正式开始气体采样测定。

4.3.2 采样气管

4.3.2.1 多点位同时采样时，应布设多个独立气管，通过多点气路采集装置与气体检测装置连接，单点原位采样时，可直接用管线采样并连接气体检测装置进行分析。气体采样总管与采样设备应连接紧密，避免漏气。

4.3.2.2 气体采样管内径范围应为 4mm～6mm，气体采样管道宜采用聚氟乙烯/特氟龙材料，或不与被监测污染物发生化学反应且不释放干扰物质的材料。采样距离较长时应使用内径较大的气体采样管，以减少采样时的压降。

4.3.2.3 采样头或采样管入口应垂直向下，防止颗粒物沉积于采样管管壁，并尽量缩短采样管长度。

4.3.2.4 布设在场区的气管，外层应采用加热、保温措施维持管内恒温，温度控制略高于场区温度，避免出现管内冷凝现象；布设在舍区的气管应加装保护装置，防止被猪撕咬，同时应避免猪舍风机出风口直接吹向采样气管。

4.3.2.5 PM_{10}、$PM_{2.5}$ 单独采样，采样装置应有滤膜。在规定膜面流速下，PM_{10} 采样滤膜要求对 $0.3\mu m$ 颗粒物的截留 ≥99％，$PM_{2.5}$ 采样滤膜要求对 $0.3\mu m$ 颗粒物的截留 ≥99.7％。

4.3.2.6 独立气管应每半年至少进行 1 次漏气测试。可附加 1 袋标准气体于独立气管的采样头上，测量浓度误差应在 5％～10％。

4.4 检测仪器配置和技术要求

4.4.1 检测仪器配置

点式分析仪器用于测量采集的集约化猪场空气气态污染物样品。选购的仪器设备所用的分析方法、测量范围和各项技术指标应符合附录 A 的有关要求，应具有数据采集及保存功能。应根据各分析仪的特点，为系统配备相应的自动校准设备。

4.4.2 技术要求

结构牢固可靠，便于搬运和安装。便于保养维护、故障诊断和零部件更换维修。长期运行安全可靠，故障率低。仪器设备厂家应有良好的售后服务，能及时向客户提供所需的备品备件、易损易耗件和技术支持。

4.5 数据采集和传输设备

数据采集和传输设备用于采集、处理和保存监测数据，并能按中心计算机指令传输监测数据和设备运行状态信息。

5 监测布点

5.1 布点原则

5.1.1 代表性

具有较好的代表性，能客观反映该集约化猪场内的空气质量水平和变化规律，尽量监测猪生活区域的环境样本，客观评价该集约化猪场的环境空气状况。

5.1.2 可比性

同类型监测点的设置条件尽可能一致，使各个监测点获取的数据具有可比性。

5.1.3 整体性

集约化猪场空气质量评价的监测点应考虑整个猪场的地理、气象等综合环境因素，从整体出发，合理布局。

5.1.4 稳定性

监测点位置一经确定，不应变更，以保证监测资料的连续性和可比性。

5.2 布点要求

5.2.1 监测点数量

监测点位的数量根据猪场规模、饲养密度、通风方式而定，要能准确反映猪场的环境空气质量。猪舍环境不得少于 4 个监测点（进风口、出风口、舍区代表点）。此外，当猪舍安装有风机时，应测定风机排风风速，并在猪舍进风口和出风口设置采样点。舍区监测点位可视猪舍面积增加，猪舍面积不超过 500m² 时，舍区代表点不少于 2 个；猪舍面积在 500m²～800m² 时，舍区代表点不少于 3 个；猪舍面积超过 800m² 时，舍区代表点不少于 5 个。场区布设的监测点，代表范围为半径每 100m 设置 1 个监测点，不足 100m 设置 1 个监测点。

5.2.2 布点方式

场区除代表点布设外，还应在场区的粪沟、堆粪区、粪污贮存池等主要产污点单独布点。舍区多点采样时，重点是猪活动区，应按照对角线或梅花式均匀布点，同时避开栏体密集区与食槽区。舍区布点与墙壁的距离应大于0.5m，与门窗及风机出风口的距离应大于1m。猪舍风机开启时，对排气气流进行采样，应将采样口定位在风机进风口附近（或风机上游），尽量避免非等速采样。

5.2.3 采样点高度

舍区采样点高度与猪舍内猪或人的呼吸高度一致，为0.3m～0.9m或1.4m～1.7m。场区采样高度与人的呼吸高度一致，相对高度为1.4m～1.7m。有特殊要求时，采样点高度可根据具体情况而定。

5.2.4 采样时间及频次

全年每天连续采样监测。

6 数据统计

6.1 数据统计的有效性

气体样品数据有效性根据GB 3095中对污染物监测数据的统计有效性规定来确定，GB 3095中未规定的硫化氢（H_2S）、二氧化碳（CO_2）、氨气（NH_3）污染物浓度数据有效性，参照该标准对二氧化硫（SO_2）浓度的规定来确定。

6.2 数据分析

6.2.1 检测要求

所有样品的每个指标均需经过连续测定，检测结果自动记录并保存。

6.2.2 分析结果的表示

低于分析方法最低检出限的测定值按"未检出"报出。

6.2.3 异常值取舍

有自动校准装置的系统，仪器在校准零/跨度期间，发现仪器零点漂移或量程漂移超出漂移控制限，应将发现超出控制线的时刻至仪器恢复到调节控制限以下的这段时间内的监测数据视为无效数据，不纳入统计分析，标注后予以保留。

6.2.4 有效数字

样品测定值有效数字修约参照GB 8170中的规定。

7 质量与保障

7.1 系统日常维护

7.1.1 监测点巡检

应定期巡检监测点，包括采样和排气管路、采样入口过滤膜、采样流量、运行状况和工作状态参数等，发现异常及时处理，并做好记录。

7.1.2 数据采集和传输设备检查

每日检查数据处理设备运行情况。对各监测点至少调取1次数据。若发现某监测点数据不能调取，应立即查明原因并及时排除故障。

7.2 系统仪器设备的定期维护

7.2.1 $PM_{2.5}$和PM_{10}采样头每半个月至少清洗1次。

7.2.2 按仪器设备使用手册规定，定期更换和清洗点式分析仪器设备中的过滤装置。采样管与监测仪器连接处的过滤膜每周应更换1次。

7.2.3 采样管路每半年至少清洗1次，清洁后应进行气密性检查。

7.2.4 监测数据应定期备份。

7.3 量值溯源和传递

7.3.1 用于量值传递的计量器具，如流量计、气压表、压力计、温度计等，应按计量检定规程检定。

7.3.2 标准气体应为国家有证标准物质或标准样品，并在有效期内使用。

7.4 设备校准

按照点式分析仪器的校准要求校准。

附　录　A

（规范性）

连续监测系统分析仪器性能指标

A.1　PM_{10}、$PM_{2.5}$连续监测系统分析仪器性能指标

表 A.1　规定了 PM_{10}、$PM_{2.5}$连续监测系统分析仪器性能指标。

表 A.1　PM_{10}、$PM_{2.5}$连续监测系统分析仪器性能指标

序号	检测项目	PM_{10}分析仪器	$PM_{2.5}$分析仪器
1	测量范围	$0\mu g/m^3 \sim 10\,000\mu g/m^3$	$0\mu g/m^3 \sim 10\,000\mu g/m^3$
2	最小显示单位	$0.1\mu g/m^3$	$0.1\mu g/m^3$
3	切割器性能	$Da_{50}=（10\pm0.5）\mu m$ $\sigma g=1.2\pm0.1$	$Da_{50}=（2.5\pm0.2）\mu m$ $\sigma g=1.2\pm0.1$
4	时钟误差	正常条件下$\pm20s$ 断电条件下$\pm2min$	正常条件下$\pm20s$ 断电条件下$\pm2min$
5	温度测量 示值误差	$\pm2℃$	$\pm2℃$
6	大气压测量示值误差	$\leqslant1kPa$	$\leqslant1kPa$
7	流量测试	每一次测试时间点流量变化$\pm10\%$ 设定流量；24h平均流量变化$\pm5\%$设定流量	平均流量偏差$\pm5\%$设定流量； 流量相对标准偏差$\leqslant2\%$； 平均流量示值误差$\leqslant2\%$
8	校准膜重现性	$\pm2\%$（标称值）	$\pm2\%$（标称值）
9	环境条件 影响测试	供电电压变化$\pm10\%$，分析仪器 测量值的变化$\pm5\%$（标称值）	分析仪器分别在不同的气压、温度和供 电电压等6种环境条件下进行测试，应符合 流量测试指标
10	平行性	$\leqslant10\%$	$\leqslant15\%$
11	参比方法 对比测试	斜率为1 ± 0.15； 截距为$（0\pm10）\mu g/m^3$； 相关系数$\geqslant0.95$	斜率为1 ± 0.15； 截距为$（0\pm10）\mu g/m^3$； 相关系数$\geqslant0.93$
12	气溶胶传输效率	—	$\geqslant97\%$
13	加载测试	—	在一个维护周期内，加载后的切割器应 符合切割性能指标
14	有效数据率	连续运行至少90d， 有效数据率不低于85%	连续运行至少90d，有效数据率不低于85%
15	采样流量	3L/min	
16	输出信号	模拟信号或数字信号	

A.2 H₂S、CO₂、NH₃ 点式连续监测系统分析仪器性能指标

表 A.2 规定了 H₂S、CO₂、NH₃ 点式连续监测系统分析仪器性能指标。

表 A.2 H₂S、CO₂、NH₃ 点式连续监测系统分析仪器性能指标

序号	检测项目	H₂S 分析仪器	CO₂ 分析仪器	NH₃ 分析仪器
1	测量范围	0ppm～50ppm	0ppm～10 000ppm	0ppm～100ppm
2	分辨率	0.1ppm	5ppm	0.1ppm
3	示值误差	±5%	±3%F.S	±5%
4	零点漂移	±1%F.S	±1%F.S	±1%F.S
5	响应时间	≤2min	2min	≤2min
6	流量	＞500mL/min	＞500mL/min	＞500mL/min
7	流量稳定性	流量稳定性±10%	流量稳定性±10%	流量稳定性±10%
8	环境温度变化的影响	≤0.5ppm/℃	≤0.5F.S ppm/℃	≤0.5ppm/℃
9	输出信号	模拟信号或数字信号	模拟信号或数字信号	模拟信号或数字信号
10	工作电压	AC（220±22）V（50±1）Hz	AC（220±22）V（50±1）Hz	AC（220±22）V（50±1）Hz
11	工作环境温度	−10℃～50℃	−10℃～50℃	−10℃～50℃
12	工作相对湿度	70%～100%	70%～100%	70%～100%
13	工作大气压	80kPa～106kPa	80kPa～106kPa	80kPa～106kPa
14	采样口和校准口浓度偏差	±1%	±1%	±1%
15	平均故障间隔天数	≥7d	≥7d	≥7d

A.3 环境参数监测仪器性能指标

表 A.3 规定了环境参数监测仪性能及指标。

表 A.3 环境参数监测仪性能指标

序号	测量项目	测量范围	测量精度	输出信号
1	温度	−50℃～50℃	±0.5℃	
2	湿度	0%～100%	±5%	
3	风速	0m/s～10m/s	±0.1m/s	模拟信号或数字信号
4	光照	0lx～100lx	1lx	
5	大气压	6kPa～110kPa	±0.1kPa	

ICS 65.020.30
CCS B 43

DB50

重 庆 市 地 方 标 准

DB50/T 1165—2021

荣昌猪 种公猪饲养管理技术规范

2021-11-30 发布　　　　　　　　　　2022-03-01 实施

重庆市市场监督管理局　发布

前　言

本文件按照 GB/T 1.1—2020《标准化工作导则　第 1 部分：标准化文件的结构和起草规则》的规定起草。

请注意本文件的某些内容可能涉及专利。本文件的发布机构不承担识别专利的责任。

本文件由重庆市荣昌区畜牧发展中心提出。

本文件由重庆市农业农村委员会归口。

本文件起草单位：重庆市荣昌区畜牧发展中心、重庆市畜牧科学院、重庆市畜牧技术推广总站。

本文件主要起草人：郭宗义、陈红跃、雷本锐、何道领、朱丹、郝静、朱燕、张科、张文秀、陈虎、管荣、杨近、罗洪。

荣昌猪 种公猪饲养管理技术规范

1 范围

本文件规定了荣昌猪种公猪的圈舍建设、选种引种、饲养管理、调教、精液采集、利用强度、淘汰、防疫、环境控制、档案记录等内容。

本文件适用于荣昌猪种公猪的饲养管理。

2 规范性引用文件

下列文件中的内容通过文中的规范性引用而构成本文件必不可少的条款。其中，注日期的引用文件，仅该日期对应的版本适用于本文件；不注日期的引用文件，其最新版本（包括所有的修改单）适用于本文件。

GB/T 7223 荣昌猪

GB/T 17824.3 规模猪场环境参数及环境管理

NY/T 3189 猪饲养场兽医卫生规范

3 术语和定义

本文件没有需要界定的术语和定义。

4 圈舍建设

4.1 公猪栏面积不小于 $4m^2$/头，栏高 1.2m 以上。

4.2 公猪栏应牢固，栏体为砖混或金属，猪栏应便于通风和管理人员操作，圈门宜采用碰锁。

4.3 公猪栏地面为实心水泥地面或漏缝地板，做防滑处理，地面坡度不低于 3%。

4.4 公猪舍应有防暑降温、防寒保暖设施。

5 选种引种

5.1 从具有种畜禽生产经营许可证、动物防疫条件合格证的种猪企业引进种公猪。

5.2 引进的公猪应在 2 月龄以上，具有 3 代以上的系谱档案。

5.3 选择的公猪应符合 GB/T 7223 要求，且具备下列条件：

    a）同窝产仔数不低于 12 头；

    b）毛色为小黑眼、大黑眼；

    c）有效乳头不低于 6 对，排列整齐；

    d）雄性特征明显，睾丸大而对称、发育良好。阴茎包皮正常，没有明显积尿；

    e）四肢健壮，体况良好，健康无病。

6 饲养管理

6.1 专人、单栏饲养，定时饲喂和采精。

6.2 圈舍清洁卫生、通风良好、光照充足。

6.3 饲喂应符合以下要求：

    a）日粮营养全面，蛋白质水平不低于 13%；

    b）饲料原料多样化，不得使用发霉、变质的原料；

c) 按 2.0kg/d~2.5kg/d 投料，维持种用体况；

d) 利用强度高时，适当补充生鸡蛋等蛋白饲料。

7 调教

7.1 5月龄~6月龄后开始采精调教，宜在进食 1h 后进行。

7.2 采精室应清洁、卫生、安静，地面应防滑，面积不小于 $9m^2$。

7.3 调教前将发情母猪尿液、公猪精液等涂抹于假台畜上。亦可将发情母猪移至采精室旁，仅以其气味、叫声来刺激、诱导公猪主动爬跨假台畜。

7.4 初次调教成功后，间隔 2d~3d 强化训练。

7.5 每次调教的时间以 20min 为宜。

7.6 调教过程中应注意安全。

8 精液采集

8.1 采精员应穿戴洁净工作衣帽、长胶鞋、双层一次性胶手套。

8.2 将公猪赶进采精室后，宜用 40℃温水洗净包皮及其周围并擦干。

8.3 采用手握法采集精液。

8.4 采精完毕后应对采精室和器具进行清洗、消毒。

9 利用强度

9.1 成年公猪的配种或采精，可 1 次/d，连续使用 2d~3d 后休息 1d。

9.2 青年公猪的配种或采精，每周不应超过 5 次。

9.3 配种或采精宜在饲喂 1h 后进行。

10 淘汰

10.1 种公猪利用年限宜为 2 年~3 年。

10.2 有下列情况之一的，应予淘汰：

a) 因病、因伤不能使用的；

b) 连续 2 次以上精液品质检查不合格的；

c) 性情暴烈易伤人、伤猪的；

d) 繁殖力低下的。

11 防疫

应符合 NY/T 3189 的要求。

12 环境控制

舍内温度、湿度、空气质量应符合 GB/T 17824.3 的要求。

13 档案记录

13.1 应规范记录种公猪的来源、系谱、精液品质、繁殖性能、免疫、驱虫等信息。

13.2 及时归档，长期保存。

_____

ICS 65.020.30
CCS B 43

DB50

重 庆 市 地 方 标 准

DB50/T 1166—2021

荣昌猪 种母猪饲养管理技术规范

2021-11-30 发布   2022-03-01 实施

重庆市市场监督管理局 发布

前　言

本文件按照 GB/T 1.1—2020《标准化工作导则　第 1 部分：标准化文件的结构和起草规则》的规定起草。

请注意本文件的某些内容可能涉及专利。本文件的发布机构不承担识别专利的责任。

本文件由重庆市荣昌区畜牧发展中心提出。

本文件由重庆市农业农村委员会归口。

本文件起草单位：重庆市荣昌区畜牧发展中心、重庆市畜牧科学院、重庆市畜牧技术推广总站。

本文件主要起草人：王可甜、陈红跃、郭宗义、雷本锐、何道领、朱燕、郝静、朱丹、柴捷、张科、陈虎、管荣、杨近。

荣昌猪 种母猪饲养管理技术规范

1 范围

本文件规定了荣昌猪种母猪饲养的术语和定义、基本要求、饲养管理、卫生防疫、生产记录等内容。

本文件适用于荣昌猪种母猪的饲养管理。

2 规范性引用文件

下列文件中的内容通过文中的规范性引用而构成本文件必不可少的条款。其中，注日期的引用文件，仅该日期对应的版本适用于本文件；不注日期的引用文件，其最新版本（包括所有的修改单）适用于本文件。

GB/T 7223 荣昌猪

GB/T 17823 集约化猪场防疫基本要求

GB/T 17824.3 规模猪场环境参数及环境管理

GB 18596 畜禽养殖业污染物排放标准

GB/T 39235 猪营养需要量

NY/T 2968 种猪场建设标准

NY/T 3381 生猪无害化处理操作规范

3 术语和定义

下列术语和定义适用于本文件。

3.1

空怀母猪 open sow

已达配种适龄但尚未配上种的母猪。

3.2

妊娠母猪 pregnant sow

处于配种受孕到分娩这一阶段的母猪。

3.3

哺乳母猪 lactating sow

分娩后处于哺乳期带仔的母猪。

4 基本要求

4.1 引种要求

应从具有种畜禽生产经营许可证、动物防疫条件合格证的种猪企业引进荣昌母猪，种猪企业应提供系谱资料。有效乳头不低于 6 对，排列整齐，体况良好，健康无病，符合 GB/T 7223 的要求。

4.2 场地要求

应符合 NY/T 2968 的要求。

4.3 营养需求

应符合 GB/T 39235 的要求。

4.4 环境要求

应符合 GB/T 17824.3 的要求。

4.5 防疫要求

应符合 GB/T 17823 的要求。

5 饲养管理

5.1 空怀母猪饲养管理

5.1.1 饲喂

日饲喂量 2.0kg～3.0kg，保持中等体况。

5.1.2 发情鉴定

应每天对母猪进行发情鉴定，判定发情状态。85%以上的经产母猪在断奶后 3d～5d 发情，发情周期平均为 21d。

5.1.3 适时配种

母猪发情持续期为 3d～7d，发情旺期集中在发情开始后的 2d～3d。每日查情 1 次的，出现"静立反射"即配；每日查情 2 次的，出现"静立反射"8h～12h 后配；每日查情 4 次的，出现"静立反射"24h 后配。

5.2 妊娠母猪饲养管理

5.2.1 饲喂

5.2.1.1 妊娠前期（21d 前），日饲喂量为 2.0kg～2.2kg，视体况增减。

5.2.1.2 妊娠中期（22d～80d），日饲喂量为 2.2kg～2.5kg，防止母体过肥。

5.2.1.3 妊娠后期（81d 至产前 1 周），日饲喂量为 2.5kg～2.8kg。

5.2.2 妊娠诊断

5.2.2.1 外表观察法。母猪配种后出现以下现象可判定受孕：

a) 表现疲倦、贪睡、贪食，性情安静，行动稳重；皮毛日渐光泽，体重日增，逐渐上膘；

b) 阴户收缩，遇见公猪拒配；

c) 在配种后 17d～24d 和 38d～45d 2 个时间段内进行返情检查，不再发情。

5.2.2.2 仪器诊断法。配种后 28d、35d 用 B 超检测。

5.2.3 管理

经妊娠确诊后，母猪应从配种舍转到妊娠舍，在产前 1 周从妊娠舍转到产仔舍。在整个妊娠过程中应减少对母猪的意外或不良刺激，避免受惊。

5.3 哺乳母猪饲养管理

5.3.1 饲喂

5.3.1.1 母猪产前 1 周转入产房。分娩当天可不喂料，饲喂量在产后 1 周逐渐至恢复正常水平。

5.3.1.2 哺乳期间，日饲喂量为体重 3.0%，应给予营养水平高、易消化的饲料。断奶前 3d 开始减料，断奶当天可不喂。

5.3.2 分娩

5.3.2.1 母猪妊娠期平均为 114d。

5.3.2.2 母猪出现临产症状，最后 1 对乳头能挤出乳汁时，将在 4h～6h 之内分娩。

5.3.2.3 母猪起卧不安，频频排尿，阴部流出稀薄的带血黏液时，即将分娩。

5.3.2.4 88%以上母猪在 5h 内完成分娩，超时应及时助产。

5.3.3 管理

5.3.3.1 产仔结束后，应及时清洁母猪外阴部以及圈舍。

5.3.3.2 关注胎衣以及恶露的排出情况，及时为胎衣未排完、恶露较多的母猪清宫。

5.3.3.3 产后母猪应预防感染。

5.3.3.4 产房要保持清洁、干燥、安静，温度控制在 20℃～23℃。

5.3.3.5 哺乳仔猪宜 35 日～42 日龄断奶，可实行早期断奶。断奶后母猪转入空怀舍，仔猪留在原圈饲养。

6 卫生防疫

6.1 饲喂器具、转运工具以及猪群转运后的场地应及时清洗和消毒。

6.2 废弃物按照 GB 18596 的规定执行，病死猪按 NY/T 3381 和《病死及病害动物无害化处理技术规范》的规定执行。

7 生产记录

做好各项生产记录，建立健全档案管理制度。记录资料包括但不限于以下内容：
a) 配种记录，包括母猪号、胎次、与配公猪、配种方式、预产期等；
b) 产仔记录，包括母猪号、公猪号、产仔日期、产仔数等；
c) 防疫与保健记录；
d) 饲料兽药等投入品使用记录。

ICS 65.020.30
CCS B 43

DB50

重 庆 市 地 方 标 准

DB50/T 1167—2021

荣昌猪 后备母猪饲养管理技术规范

2021-11-30 发布
2022-03-01 实施

重庆市市场监督管理局 发布

前　言

本文件按照 GB/T 1.1—2020《标准化工作导则　第 1 部分：标准化文件的结构和起草规则》的规定起草。

请注意本文件的某些内容可能涉及专利。本文件的发布机构不承担识别专利的责任。

本文件由重庆市荣昌区畜牧发展中心提出。

本文件由重庆市农业农村委员会归口。

本文件起草单位：重庆市荣昌区畜牧发展中心、重庆市畜牧科学院、重庆市畜牧技术推广总站。

本文件主要起草人：朱丹、陈红跃、郭宗义、雷本锐、何道领、郝静、朱燕、张科、张文秀、陈虎、管荣、杨近。

荣昌猪 后备母猪饲养管理技术规范

1 范围

本文件规定了荣昌猪后备母猪饲养的术语和定义、选留、猪舍环境、饲料营养、饲养管理、档案记录等内容。

本文件适用于荣昌猪后备母猪的饲养管理。

2 规范性引用文件

下列文件中的内容通过文中的规范性引用而构成本文件必不可少的条款。其中，注日期的引用文件，仅该日期对应的版本适用于本文件；不注日期的引用文件，其最新版本（包括所有的修改单）适用于本文件。

GB 5749 生活饮用水卫生标准

GB/T 7223 荣昌猪

GB/T 39235 猪营养需要量

NY/T 2968 种猪场建设标准

3 术语和定义

下列术语和定义适用于本文件。

3.1

后备母猪 rongchang gilt

在断奶后选作种用，到第一次进行配种前的母猪。

4 选留要求

4.1 后备母猪选留应符合 GB/T 7223 的要求。

4.2 父母代生产性能应良好；护仔性强、泌乳力高，同窝胎产活仔数不低于 8 头，仔猪整齐度好且无遗传损征。

4.3 有效乳头不低于 6 对，排列整齐，大小均匀。

4.4 宜选择小黑眼、大黑眼、小黑头、金架眼，不选择大黑头、铁嘴、两头黑、飞花、单边罩和洋眼。

4.5 生殖器官发育良好，阴户大小适中，尖端下垂。

4.6 四肢健壮，无蹋蹄，头、颈、背、腰结合良好，皮毛光亮，体重超过同窝仔母猪均重，健康无病。

5 猪舍环境

5.1 圈舍建设

应符合 NY/T 2968 的要求。

5.2 温度

夏季防暑降温，冬季防寒保暖。断奶后 1 个月内，温度宜保持在 22℃～24℃，1 个月后宜保持在 20℃～22℃。

5.3 湿度

宜保持在 60%～70%。

5.4 卫生

定期清洁、消毒，保持干净、整洁。

6 饲料营养

应符合 GB/T 39235 的要求。

7 饲养管理

7.1 饲养

在 5 月龄前自由采食，此后适当限饲，保持中等体况为宜。

7.2 管理

7.2.1 做好猪舍通风换气工作，确保空气质量良好。

7.2.2 饮水应符合 GB 5749 的要求。

7.2.3 定期卫生消毒，及时清理粪（尿），保持良好的环境。

7.2.4 按时驱虫和预防接种。

7.2.5 及时淘汰不宜种用的猪。

7.2.6 体重达到 40kg 以上，且发情 2 次后可初配。

8 档案记录

8.1 基本信息

包括后备母猪标识号、出生日期、出生个体重、系谱资料、毛色特征、乳头数、同胞数等信息。

8.2 管理记录

免疫、保健、疫病监测、种用评定、发情等情况。

8.3 异动记录

淘汰、转栏、出售等情况。

ICS 65.020.30
CCS B 43

DB50

重 庆 市 地 方 标 准

DB50/T 1168—2021

荣昌猪 养殖场生物安全技术规范

2021-11-30 发布

2022-03-01 实施

重庆市市场监督管理局 发布

前　言

本文件按照 GB/T 1.1—2020《标准化工作导则　第 1 部分：标准化文件的结构和起草规则》的规定起草。

请注意本文件的某些内容可能涉及专利。本文件的发布机构不承担识别专利的责任。

本文件由重庆市荣昌区畜牧发展中心提出。

本文件由重庆市农业农村委员会归口。

本文件起草单位：重庆市荣昌区畜牧发展中心、西南大学、重庆市畜牧技术推广总站、重庆市畜牧科学院。

本文件主要起草人：王自力、陈红跃、朱燕、何道领、郭宗义、雷本锐、邱进杰、朱丹、郝静、张科、张文秀、陈虎、管荣、杨近。

荣昌猪养殖场生物安全技术规范

1 范围

本文件规定了荣昌猪养殖场生物安全的术语和定义、养殖场建设、人员管理、制度建设、防疫消毒、防疫管理、无害化处理等内容。

本文件适用于荣昌猪养殖场生物安全的建设与管理。

2 规范性引用文件

下列文件中的内容通过文中的规范性引用而构成本文件必不可少的条款。其中，注日期的引用文件，仅该日期对应的版本适用于本文件；不注日期的引用文件，其最新版本（包括所有的修改单）适用于本文件。

GB 5749 生活饮用水卫生标准

NY/T 1168 畜禽粪便无害化处理技术规范

3 术语和定义

下列术语和定义适用于本文件。

3.1

养殖场生物安全 farm biosecurity

采取消毒、免疫、隔离、监测等防疫措施，严格控制通过动物、运输工具、生产工具、人员、饲料及疫苗、兽药等途径传播疫病的风险，建立防止病原入侵的多层屏障，保障动物健康和生产安全。

4 养殖场建设

4.1 选址

选非禁养区的合法场地为场区，位置应独立。远离化工等易产生污染物的企业，且避免选址在其下风口。符合《动物防疫条件审查办法》对动物饲养场选址的要求。

4.2 场区布局

4.2.1 场区整体规划科学，流程布局合理，生产区、办公区、生活区、粪污处理区和无害化处理区严格分开。

4.2.2 场区外设有围墙或其他能够与外界进行物理隔离的屏障措施。

4.2.3 场区出入口设置与门同宽，长4m、深0.3m以上的消毒池。

4.2.4 生产区布置在上风向，兽医室、隔离舍、粪污处理区和无害化处理区布置在下风向。

4.2.5 生产区与办公区、生活区之间应建有围墙等物理隔离设施，严禁非饲养人员、无关物品及其他动物进入生产区。

4.2.6 生产区内净道和污道分开，不交叉。

4.2.7 生产区内各养殖栋舍之间距离在5m以上或者有隔离设施。

4.3 基础设施

4.3.1 养殖场外设置专用的车辆清洗消毒中心，场区入口处设置车辆消毒池、人员更衣消毒室，各养殖栋舍出入口设置消毒池或者消毒垫。

4.3.2 养殖场建有单独存放饲料、兽药等投入品的场所。

4.3.3 养殖场建有兽医室，配备疫苗、兽药冷冻（冷藏）保存相关设施。

4.3.4 生产区内做到雨污分流，道路及场地应坚硬、无积水，便于清扫、消毒。

4.3.5 生产区应设有防鸟、防鼠、防蚊蝇等设施设备。

4.3.6 每栋舍应配备专用的饲喂、饮水、消毒、清扫等工具。

4.3.7 每栋舍应配有完备的通风、温度控制系统。

4.3.8 有与生产规模相适应的无害化处理、污水污物处理设施设备。

4.3.9 有独立的引入动物隔离舍和患病动物隔离舍。

5 人员管理

5.1 所有生产人员应有健康证明，患相关人畜共患病的人员不得上岗。

5.2 养殖场应配备与其规模相适应的执业兽医。

5.3 制定实施人员培训计划，生产人员、生物安全管理人员上岗前应接受相应的生物安全培训。

5.4 对生产相关人员实行专人专岗工作制，不得擅自串舍、串岗。

5.5 外来人员不得进入生产区。确需进入的，应经检测、隔离、淋浴、消毒、更衣等环节，方可入内。

6 制度建设

6.1 建立基于风险的生物安全管理制度，包括但不限于以下内容：
   a) 消毒制度，包括运输工具、人员、物资、场地、环境等；
   b) 疫病监测、疫情预警、疫情报告和应急反应制度；
   c) 追溯管理制度；
   d) 粪污、病死动物无害化处理制度；
   e) 投入品使用管理制度。

6.2 制定、实施生物安全计划，及时消除风险。

7 防疫消毒

7.1 严格执行车辆及人员出入场区、生产区的消毒管理制度或操作规程，做好记录并保存。

7.2 定期对场区和周边环境进行清洗、消毒。

7.3 消毒液的配制、使用应按照消毒液的使用说明进行，并做好配制、更换和使用记录。

8 防疫管理

8.1 场区内不得饲养其他动物。

8.2 空舍期设置合理。在转入生猪之前，对地面、墙面及所有饲养用具、器械及环境等进行彻底清洗和消毒。

8.3 从场外引进猪只，应检疫、隔离，经非洲猪瘟、口蹄疫等重大动物疫病病原学检测合格后方可混群。

8.4 制定合理的免疫程序并严格执行，定期监测免疫抗体水平。

8.5 疫苗的采购应符合《兽药质量标准》，按照疫苗使用说明书保存和使用。

8.6 对生病或死亡的猪只采样检测，并采取合理的防治措施，做好诊疗记录。

8.7 饲料、药物、疫苗等不同类型的投入品分开储藏，标识清晰。对饲料来源、药物、物资采取有效的生物安全管理措施，避免传入疫病的风险。

8.8 保育舍应有可控的饮水加药系统。水质应符合 GB 5749 的要求。

8.9 餐厨剩余物不得饲喂生猪。

9 无害化处理

9.1 对病死动物进行无害化处理，应符合《病死及病害动物无害化处理技术规范》的要求。

9.2 粪污处理及污染防治应符合 NY/T 1168 的要求。

9.3 对污染和疑似污染的场地、用具、饲料、垫料等进行彻底消毒、无害化处理。

9.4 对使用后和废弃的疫苗瓶进行焚烧或高压灭菌后深埋处理，对使用后的器械应采用高温、高压等方式进行无害化处理。

_____

ICS 65.020.30
CCS B 43

DB50

重 庆 市 地 方 标 准

DB50/T 1238—2022

荣昌猪 中小规模猪场建设技术规范

2022-04-20 发布

2022-07-20 实施

重庆市市场监督管理局 发布

前　言

本文件按照 GB/T 1.1—2020《标准化工作导则　第 1 部分：标准化文件的结构和起草规则》的规定起草。

请注意本文件的某些内容可能涉及专利。本文件的发布机构不承担识别专利的责任。

本文件由重庆市荣昌区畜牧发展中心提出。

本文件由重庆市农业农村委员会归口。

本文件起草单位：重庆市荣昌区畜牧发展中心、重庆市畜牧科学院、重庆市畜牧技术推广总站、重庆市涪陵区畜牧水产技术推广站、四川省内江市农业科学院、云南省绥江县农业农村局。

本文件主要起草人：郭宗义、陈红跃、何道领、任小明、朱燕、罗登、李兴桂、杜安静、袁曹铭、刘贵平、蒋雨、付文贵、李纪刚、张科、罗洪。

荣昌猪 中小规模猪场建设技术规范

1 范围

本文件规定了荣昌猪中小规模猪场建设的术语和定义、场址选择、猪场布局、建设要求、水电供应以及设施设备等内容。

本文件适用于荣昌猪中小规模猪场的新建、改（扩）建。

2 规范性引用文件

下列文件中的内容通过文中的规范性引用而构成本文件必不可少的条款。其中，注日期的引用文件，仅该日期对应的版本适用于本文件；不注日期的引用文件，其最新版本（包括所有的修改单）适用于本文件。

GB 5749 生活饮用水卫生标准

NY/T 2968 种猪场建设标准

3 术语和定义

下列术语和定义适用于本文件。

3.1

小型猪场 small-scale pig farm

饲养荣昌能繁母猪 30 头～100 头、存栏荣昌商品肉猪 200 头～1 000 头的猪场。

3.2

中型猪场 medium-scale pig farm

饲养荣昌能繁母猪 100 头～600 头、存栏荣昌商品肉猪 1 000 头～5 000 头的猪场。

3.3

一点式猪场 one-stop pig farm

各生产阶段的猪均在一个场点饲养的猪场。

3.4

两点式猪场 two-stop pig farm

种公猪与种母猪、哺乳仔猪在一个场点饲养，断奶仔猪与育肥猪在另外一个场点饲养的猪场。

4 场址选择

按 NY/T 2968 的要求执行。

5 猪场布局

5.1 猪场应按入场隔离区、生活区、生产区和粪污处理区 4 个功能区布置，各功能区界限分明，联系方便。

5.2 小型猪场自繁自养，宜布局为一点式。

5.3 中型猪场自繁自养，宜布局为两点式。

5.4 中型规模猪场宜配套布局洗消中心和中转出猪台。

6 建设要求

6.1 一般要求

6.1.1 猪场应建实体围墙，高度不低于2.2m，周围作防鼠处理。

6.1.2 入场隔离区、生活区、生产区的入口处应设专门的洗消房，人员洗澡、更衣单向进入，生活物资和生产物资分别在消毒间消毒，各栋圈舍出入口处应设脚踏消毒池。

6.1.3 场内道路实行净、污分道。

6.1.4 场区内雨污分流，生产和生活污水经暗沟污水管道进入污水收集池，雨水经明沟净水管道排放，设置检查井。

6.1.5 兽医室应配备诊断、消毒等设施设备。

6.2 圈舍

6.2.1 圈舍应为实心地面或漏缝板地面，实心地面向粪尿沟处应有1%～3%的坡度，防滑，易清扫。地面结实，易于冲刷，能耐受各种形式的消毒。

6.2.2 根据猪场生产实际和不同猪群特点，分类别建设猪舍、猪栏，舍内应有相应的采食、饮水、通风、降温和取暖等设施设备。

6.2.3 屋檐距地面高度不低于2.4m；走道宽不少于0.6m；猪舍纵向间距不少于6.0m；猪舍距围墙不少于2.0m。

6.3 猪栏

6.3.1 公猪栏。面积不少于$1.8m^2$/头，圈高1.2m以上，栅栏结构宜为砖混或金属，便于通风和管理人员操作。

6.3.2 配怀栏。空怀猪和妊娠猪以限位栏或小群饲养，可选以下两种模式：
    a) 限位栏长1.8m～2.2m，宽0.5m～0.65m；
    b) 小群饲养的每头占栏面积不少于$2m^2$。

6.3.3 分娩栏。母猪分娩可采用母猪产床或在平养圈舍内设置仔猪保温箱，可选以下两种模式：
    a) 母猪产床长2.0m～2.4m，宽1.8m，母猪限位架宽0.6m～0.7m；
    b) 平养圈舍仔猪保温箱长1.0m～1.1m，宽0.5m～0.6m，高0.6m～0.8m。

6.3.4 保育栏。长2.1m～2.4m，宽1.7m～2.4m；保温区长1.0m～1.1m，宽0.6m～0.8m，高0.6m～0.8m。

6.3.5 育肥猪栏。长≥3.2m，宽≥3.0m，高0.8m～1.1m，每头猪的采食位≥0.28m。

6.4 屋顶

宜选用防腐瓦，应作保温、隔热处理。

7 水电供应

7.1 猪场应有水塔等密闭储水系统，有条件的猪场宜采用双水源，保障生产用水，水质符合GB 5749的要求。

7.2 猪场应建有配电系统，中型猪场宜配备发电机组。

8 粪污处理

按NY/T 2968的要求执行。

ICS 65.020.30
CCS B 43

DB50

重 庆 市 地 方 标 准

DB50/T 1239—2022

荣昌猪 后备公猪饲养管理技术规范

2022-04-20 发布
2022-07-20 实施

重庆市市场监督管理局 发布

前　言

本文件按照 GB/T 1.1—2020《标准化工作导则　第 1 部分：标准化文件的结构和起草规则》的规定起草。

请注意本文件的某些内容可能涉及专利。本文件的发布机构不承担识别专利的责任。

本文件由重庆市荣昌区畜牧发展中心提出。

本文件由重庆市农业农村委员会归口。

本文件起草单位：重庆市荣昌区畜牧发展中心、重庆市畜牧技术推广总站、重庆市畜牧科学院。

本文件主要起草人：王震、陈红跃、朱燕、何道领、蒋林峰、朱丹、郭宗义、雷本锐、郝静、张文秀、陈虎、管荣、杨近、李纪刚。

荣昌猪 后备公猪饲养管理技术规范

1 范围

本文件规定了荣昌猪后备公猪引种、选留、饲养、管理、档案记录等要求。

本文件适用于荣昌猪后备公猪的饲养管理。

2 规范性引用文件

下列文件中的内容通过文中的规范性引用而构成本文件必不可少的条款。其中，注日期的引用文件，仅该日期对应的版本适用于本文件；不注日期的引用文件，其最新版本（包括所有的修改单）适用于本文件。

GB 5749 生活饮用水卫生标准

GB/T 7223 荣昌猪

GB 13078 饲料卫生标准

GB 23238 种猪常温精液

GB/T 39235 猪营养需要量

NY/T 820 种猪登记技术规范

3 术语和定义

本文件没有需要界定的术语和定义。

4 引种

4.1 根据猪场实际制定引种方案，确定引进后备公猪的级别及数量。

4.2 应从持有种畜禽生产经营许可证、动物防疫条件合格证的种猪企业引进，种猪企业提供系谱资料并检疫。

4.3 引进的后备公猪应隔离饲养45d，确认无疫病后方可进入生产区饲养。

5 选留

5.1 断奶时按照预定头数的5倍初选，后经过2月龄、4月龄、6月龄、8月龄选择，达到种公猪年更新率30%的要求。

5.2 选留的后备公猪系谱清楚，体型、外貌符合品种特征。

5.3 生殖器官发育正常，两侧睾丸对称，无隐睾或单睾。

5.4 健康状况良好，无遗传疾患。

5.5 按照GB/T 7223的规定进行等级评定。

6 饲养

6.1 断奶后1周～2周内，饲料、环境和管理条件宜逐步转变。

6.2 体重达60kg前宜控制日粮能量水平，自由采食；体重达60kg后限制饲养。

6.3 营养需要应符合GB/T 39235的要求，饲料卫生应符合GB 13078的要求。日粮宜为全价颗粒料或粉料。

6.4 自由饮水，水质应符合GB 5749的要求。

6.5 公猪宜于 5 月龄～6 月龄或体重达 60kg～70kg 时开始配种。公猪用于配种前应进行精液品质检查，未达到 GB 23238 的要求，不得使用。

7 管理

7.1 应按照体重、体况分群调圈，并符合以下要求：
   a) 断奶后群养，8 头/栏～10 头/栏，占圈面积宜≥0.3m²/头；
   b) 3 月龄的公、母猪分开饲养，后备公猪 1 头/栏，占圈面积宜≥4 m²/头。

7.2 5 月龄～6 月龄宜开始采精调教，在进食 1h 后进行。初次调教成功后，每隔 2d～3d 重复调教，每次以 20min 为宜。

7.3 保持猪舍通风换气，定期消毒地面、用具、食槽等，保证食槽、躺卧区干燥、卫生。

7.4 夏季应防暑降温，温度宜≤28℃；冬季应防寒保暖，温度宜≥15℃。

7.5 定期预防接种和驱虫。

7.6 每天清理粪、料。

7.7 观察健康状况，不宜种用的及时淘汰。

8 档案记录

8.1 应按 NY/T 820 的要求登记，系谱清楚、资料完善。

8.2 应建立个体养殖档案，内容包括但不限于出生日期、健康状况、精液品质。

8.3 生产投入品进出制度健全，使用情况记录完整。

8.4 档案资料应长期保存。

———————

ICS 65.020.30
CCS B 43

DB50

重 庆 市 地 方 标 准

DB50/T 1240—2022

荣昌猪　仔猪饲养管理技术规范

2022-04-20 发布　　　　　　　　　2022-07-20 实施

重庆市市场监督管理局　发布

前　言

本文件按照 GB/T 1.1—2020《标准化工作导则　第 1 部分：标准化文件的结构和起草规则》的规定起草。

请注意本文件的某些内容可能涉及专利。本文件的发布机构不承担识别专利的责任。

本文件由重庆市荣昌区畜牧发展中心提出。

本文件由重庆市农业农村委员会归口。

本文件起草单位：重庆市荣昌区畜牧发展中心、重庆市畜牧科学院、重庆市畜牧技术推广总站、重庆市涪陵区畜牧水产技术推广站、云南省绥江县农业农村局、四川省内江市农业科学院、重庆市长寿区畜禽品种改良站。

本文件主要起草人：朱丹、陈红跃、郭宗义、朱燕、蒋雨、付文贵、何道领、李兴桂、刘贵平、杜安静、袁曹铭、陈虎、管荣、任小明、罗登、雷本锐、郝静、张文秀、杨近、李纪刚、杨秀容。

荣昌猪　仔猪饲养管理技术规范

1　范围

本文件规定了荣昌猪仔猪饲养管理的猪舍环境、饲料和营养、饲养管理、记录记载等要求。

本文件适用于荣昌猪仔猪的饲养管理。

2　规范性引用文件

下列文件中的内容通过文中的规范性引用而构成本文件必不可少的条款。其中，注日期的引用文件，仅该日期对应的版本适用于本文件；不注日期的引用文件，其最新版本（包括所有的修改单）适用于本文件。

GB 5749　生活饮用水卫生标准

GB/T 39235　猪营养需要量

NY/T 2968　种猪场建设标准

3　术语和定义

本文件没有需要界定的术语和定义。

4　猪舍环境

4.1　圈舍建设

应符合 NY/T 2968 的要求。

4.2　温度

表 1 规定了猪舍环境温度。

表 1　猪舍环境温度

阶段/d	温度/℃
1～3	30～32
4～7	28～30
8～14	26～28
15～28	22～25
29d 至保育结束	20～22

4.3　湿度

宜控制在 60%～70%。

4.4　空气质量

通风换气良好，少粉尘，无刺鼻、熏眼或其他异味。

4.5　卫生

干燥、干净、整洁。

5　饲料和营养

5.1　饲料

全价颗粒料或粉料，适口性好。

5.2 营养

应符合 GB/T 39235 的要求。

6 饲养管理

6.1 出生至第 3d 应符合以下要求：

 a) 出生时，迅速擦干黏液，保证呼吸畅通，断脐带并消毒；

 b) 1h 内吃上初乳，剪犬齿；

 c) 2d 内补铁、补硒；

 d) 前 3d 固定乳头，弱小个体固定前 3 对乳头。低于 0.5kg 的个体作淘汰处理；

 e) 3d 内完成寄养。

6.2 出生后 7d 开始诱食，15d 后自由采食。

6.3 饮水应符合 GB 5749 的要求，冬天饲喂温热水。

6.4 断奶应激控制。仔猪宜在 35d～42d 断奶，留圈饲养 7d 后转保育舍。

6.5 断奶后饲养应符合以下要求：

 a) 1d～7d，保持饲料、环境温度、湿度不变；

 b) 8d～9d 换料 30％，10d～11d 换料 50％，12d～13d 换料 80％，14d 后全部饲喂保育料；

 c) 保育期根据仔猪体重分栏，调教吃料、睡觉、排泄三点定位。

6.6 巡栏。每天观察仔猪健康状况，发现异常猪只应及时隔离治疗或淘汰。

6.7 疫病防控。结合国家动物疫病强制免疫计划和猪场情况开展免疫工作，做好仔猪黄白痢等常见疾病预防工作。

7 记录记载

7.1 个体信息

包括标识号、出生日期、出生重，拟选为后备猪的增加系谱、断奶重等。

7.2 管理记录

疫病免疫与监测、仔猪异动等情况。

ICS 65.020.30
CCS B 43

DB50

重 庆 市 地 方 标 准

DB50/T 1241—2022

荣昌猪 生长育肥猪饲养管理技术规范

2022-04-20 发布

2022-07-20 实施

重 庆 市 市 场 监 督 管 理 局 发布

前　言

本文件按照 GB/T 1.1—2020《标准化工作导则　第 1 部分：标准化文件的结构和起草规则》的规定起草。

请注意本文件的某些内容可能涉及专利。本文件的发布机构不承担识别专利的责任。

本文件由重庆市荣昌区畜牧发展中心提出。

本文件由重庆市农业农村委员会归口。

本文件起草单位：重庆市荣昌区畜牧发展中心、重庆市畜牧技术推广总站、重庆市畜牧科学院。

本文件主要起草人：张科、陈红跃、朱燕、李小琴、何道领、王震、蒋林峰、郭宗义、雷本锐、郝静、张文秀、陈虎、管荣、杨近、李纪刚。

荣昌猪　生长育肥猪饲养管理技术规范

1　范围

本文件规定了荣昌猪生长育肥猪的环境要求、饲养要求、管理要求、运输要求、废弃物无害化处理和利用、档案记录等内容。

本文件适用于荣昌猪生长育肥猪的饲养与管理。

2　规范性引用文件

下列文件中的内容通过文中的规范性引用而构成本文件必不可少的条款。其中，注日期的引用文件，仅该日期对应的版本适用于本文件；不注日期的引用文件，其最新版本（包括所有的修改单）适用于本文件。

GB/T 5915　仔猪、生长肥育猪配合饲料

GB 13078　饲料卫生标准

GB/T 26622　畜禽粪便农田利用环境影响评价准则

GB/T 26624　畜禽养殖污水贮存设施设计要求

NY/T 65　猪饲养标准

NY/T 388　畜禽场环境质量标准

NY/T 2374　沼气工程沼液沼渣后处理技术规范

DB50/T 1168　荣昌猪　养殖场生物安全技术规范

3　术语和定义

本文件没有需要界定的术语和定义。

4　环境要求

4.1　猪场选址应符合 NY/T 388 的要求。

4.2　场内不得饲养其他畜禽，并防止野生动物侵入。

4.3　猪舍具有保温、隔热功能，地面和墙壁便于清洗，耐酸、碱等；舍内通风换气良好。

4.4　舍内温度以 16℃～20℃为宜，相对湿度以 50%～75%为宜。

4.5　每栏宜养 15 头～20 头，每头占地面积≥1m²。

5　饲养要求

5.1　投入品使用

5.1.1　饲料

5.1.1.1　饲料原料和添加剂应符合农业农村部《饲料添加剂品种目录》《饲料原料目录》和 GB 13078 的要求。

5.1.1.2　在育肥猪生长阶段，可根据营养需求配制不同的配合饲料，营养水平执行 NY/T 65 的规定，配合饲料营养成分应执行 GB/T 5915 的规定。

5.1.2　饮用水

5.1.2.1　保证水源充足，水质应符合 NY/T 388 的要求。

5.1.2.2　采用自动饮水器，及时清洗消毒饮水设备。

5.1.3 疫苗

5.1.3.1 根据国家规定和猪场实际情况，制定免疫程序。

5.1.3.2 疫苗的用法与用量应按照说明书执行。

5.1.4 兽药

5.1.4.1 应执行处方用药。

5.1.4.2 应执行休药期制度。

6 管理要求

6.1 饲喂管理

6.1.1 适量添加饲料，少喂勤添。

6.1.2 应保持料槽、水槽用具干净，地面清洁。

6.1.3 观察猪群健康状况。

6.2 卫生要求

6.2.1 场区应设消毒室和消毒池等设施，每栋猪舍门口宜设消毒垫或脚踏消毒池，每周更换消毒液1次。

6.2.2 每日清扫猪舍1次，清洗食槽和水槽1次，每周消毒1次。

6.2.3 定期灭鼠、杀虫，并作无害化处理。

6.3 人员要求

6.3.1 养殖人员应有健康证，定期进行健康检查，人畜共患病患者不得从事养殖工作。

6.3.2 人员进出场应洗澡、更衣、消毒，不得串舍。

6.3.3 场内兽医不得对外开展诊疗活动。

6.3.4 外来人员不得随意进场。

6.4 出栏要求

体重宜为100kg～120kg。

7 运输要求

7.1 商品猪上市前，应向当地兽医部门申报检疫，经检疫合格后，方可出售、运输和屠宰。

7.2 运输车辆在运输前后应彻底消毒。

7.3 运输过程中应减少应激，不应丢弃病死猪及产品，不应在城镇和集市停留、饮水和饲喂。

8 废弃物无害化处理和利用

8.1 固体粪便、污水和沼液贮存设施建设按照GB/T 26622、GB/T 26624和NY/T 2374的规定执行。

8.2 病害动物产品及动物尸体无害化处理应符合DB50/T 1168的要求。

8.3 猪场废弃物贮存或处理设施应防渗漏、防雨淋、防流失、防恶臭，避免污染周围环境。

8.4 剩余或废弃的疫苗、疫苗瓶应作无害化处理。

8.5 不具备无害化处理条件的猪场应选择有资质的第三方机构处理。

9 档案记录

9.1 应做好仔猪来源、饲料来源、配方及各种添加剂使用情况的记录。

9.2 应做好免疫、用药、发病和治疗情况记录。

9.3 应做好废弃物无害化处理和利用记录。

9.4 出场猪应有标识和销售记录。

9.5 资料保存时限不低于 2 年。

ICS 65.020.30
CCS B 43

DB50

重 庆 市 地 方 标 准

DB50/T 1242—2022

荣昌猪 猪肉分割技术规范

2022-04-20 发布

2022-07-20 实施

重庆市市场监督管理局 发布

前　言

本文件按照 GB/T 1.1—2020《标准化工作导则　第 1 部分：标准化文件的结构和起草规则》的规定起草。

请注意本文件的某些内容可能涉及专利。本文件的发布机构不承担识别专利的责任。

本文件由重庆市荣昌区畜牧发展中心提出。

本文件由重庆市农业农村委员会归口。

本文件起草单位：重庆市荣昌区畜牧发展中心、重庆市畜牧技术推广总站、重庆市畜牧科学院。

本文件主要起草人：谭剑蓉、陈红跃、朱燕、何道领、张科、王震、郭宗义、朱丹、雷本锐、郝静、张文秀、陈虎、管荣、杨近、李纪刚。

荣昌猪　猪肉分割技术规范

1　范围

本文件规定了荣昌猪猪肉分割技术的术语和定义、原料要求、设施设备、分割方式、分割技术、环境温度、卫生要求、包装贮运、信息管理等内容。

本文件适用于荣昌猪的猪肉分割。

2　规范性引用文件

下列文件中的内容通过文中的规范性引用而构成本文件必不可少的条款。其中，注日期的引用文件，仅该日期对应的版本适用于本文件；不注日期的引用文件，其最新版本（包括所有的修改单）适用于本文件。

GB/T 191　包装储运图示标志

GB/T 6388　运输包装收发货标志

GB/T 9959.1　鲜、冻猪肉及猪副产品　第 1 部分：片猪肉

GB/T 9959.2　分割鲜、冻猪瘦肉

GB/T 9959.3　鲜、冻猪肉及猪副产品　第 3 部分：分部位分割猪肉

GB/T 20575　鲜、冻肉生产良好操作规范

NY/T 3383　畜禽产品包装与标识

3　术语和定义

GB/T 9959.1、GB/T 9959.2、GB/T 9959.3 界定的以及下列术语和定义适用于本文件。

3.1

眉毛肉（梅花肉）　porkbutt

猪肩胛上的颈部瘦肉。

3.2

前夹肉（去骨前腿肉）　porkbonelessforeleg

从猪第 5、第 6 肋骨间切下，略修脂肪层的颈背（夹心）和前腿部位，并剔骨的部位肉。

3.3

三线肉（五花肉）　porkbelly

从猪第 5、第 6 胸椎间至腰荐椎连接部切下，剔除肋排，呈 5 层夹花的腹部肉。

4　原料要求

用于分割的猪肉原料应符合 GB/T 9959.1 的要求。

5　设施设备

5.1　生产车间

5.1.1　分割车间应包括预冷间、分割间等。

5.1.2　配套车间应包括更衣间、清洁间、包装间、冷藏间、冷冻间等。

5.2　生产器具

5.2.1　分割器具应包括分割刀、剔骨刀、砍刀等，各器具明确标识，不得混用。

5.2.2　配套器具应包括电子秤、检测器具、包装器具等。

5.2.3 生产器具应耐环境温度、湿度条件等，耐化学药品、清洁剂、消毒剂腐蚀。

5.2.4 材质无毒、无害，表面光滑、易清洗消毒、耐磨损。

6 分割方式

6.1 热分割

热分割流程见图1。

图 1 热分割流程图

以屠宰后未经冷却处理的鲜猪肉为原料进行分割处理，分割加工时间控制在45min内。

6.2 冷分割

冷分割流程见图2。

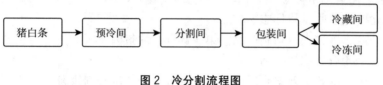

图 2 冷分割流程图

以冷却猪肉为原料进行分割处理，猪肉的中心温度≤7℃。分割加工时间控制在1h内。

7 分割技术

猪肉分割包括大分割和小分割。各工序严格规范，达不到加工要求的产品不得流入下一级。

7.1 大分割

7.1.1 将猪白条分割为前段、中段、后段产品，合称六分体。分割时用刀应稳、准。

7.1.2 从第5、第6肋骨间垂直于猪白条中线切断，割下的前端产品为前段。

7.1.3 从腰椎与荐椎连接处切断，割下的前端产品为中段；后端产品为后段。

7.2 小分割

分割时注意肉质层次，一刀分离。剔骨时，用刀深浅适度，不破坏其他组织。

7.2.1 前段

分割出眉毛肉、前夹肉、前肘、前排、前筒子骨等产品。

7.2.2 中段

分割出三线肉、里脊、脊骨、肋排等产品。

7.2.3 后段

分割出后腿肉、腰柳、后筒子骨、尾骨等产品。

7.3 产品修整

修去淋巴结、碎肉、碎骨等，确保产品无杂质。

8 环境温度

8.1 各车间配备温控装置，并准确测量。

8.2 预冷间温度以0℃～4℃为宜。

8.3 热分割间温度≤15℃，冷分割间、包装间温度≤12℃。

8.4 冷藏间温度0℃～4℃。

8.5 冷冻间温度≤−18℃。

9 卫生要求

9.1 员工应持有健康证，更衣消毒后进入生产车间。

9.2 车间、设备、器具等卫生符合 GB/T 20575 的要求。

9.3 操作台面干净卫生、易清洗消毒，与猪肉接触面应光滑平整，耐磨、防渗、耐腐蚀、无毒无味。

9.4 用于分割、剔骨或深加工的车间、设备、器具等不另做他用。

9.5 车间应安装防蚊蝇、昆虫、鼠类等设施设备。

10 包装、贮运

10.1 产品包装、标识应符合 NY/T 3383 的要求。

10.2 包装储运图示、标志应符合 GB/T 191、GB/T 6388 的要求。

10.3 产品贮存、运输应符合 GB/T 20575 的要求。

10.4 严格控制产品质量，不合格产品不得流入市场。

11 信息管理

及时完整记录生产资料，录入信息系统。建立溯源制度，加强追溯和召回管理。

————————

ICS 65.020.30
CCS B 43

DB50

重 庆 市 地 方 标 准

DB50/T 1243—2022

荣昌猪 猪肉品质等级评定规范

2022-04-20 发布
2022-07-20 实施

重 庆 市 市 场 监 督 管 理 局 发布

前　言

本文件按照 GB/T 1.1—2020《标准化工作导则　第 1 部分：标准化文件的结构和起草规则》的规定起草。

请注意本文件的某些内容可能涉及专利。本文件的发布机构不承担识别专利的责任。

本文件由重庆市荣昌区畜牧发展中心提出。

本文件由重庆市农业农村委员会归口。

本文件起草单位：重庆市荣昌区畜牧发展中心、重庆市畜牧技术推广总站、重庆市畜牧科学院。

本文件主要起草人：何道领、陈红跃、朱燕、谭剑蓉、王震、雷本锐、郝静、朱丹、郭宗义、张文秀、陈虎、管荣、杨近、李纪刚、张科。

荣昌猪　猪肉品质等级评定规范

1　范围

本文件规定了荣昌猪猪肉品质等级评定的术语和定义、技术要求、评定方法、标识等内容。

本文件适用于荣昌猪猪肉品质的等级评定。

2　规范性引用文件

下列文件中的内容通过文中的规范性引用而构成本文件必不可少的条款。其中，注日期的引用文件，仅该日期对应的版本适用于本文件；不注日期的引用文件，其最新版本（包括所有的修改单）适用于本文件。

GB/T 9959.3　鲜、冻猪肉及猪副产品　第3部分：分部位分割猪肉

GB/T 17236　畜禽屠宰操作规程　生猪

GB/T 17996　生猪屠宰产品品质检验规程

NY/T 821　猪肉品质测定技术规程

NY/T 1180　肉嫩度的测定　剪切力测定法

NY/T 1759　猪肉等级规格

3　术语和定义

下列术语和定义适用于本文件。

3.1

肉色　meat color，MC

肌肉横截面的色泽。

［来源：NY/T 821，3.1］

3.2

pH　pH value

猪肌肉酸碱度的测定值。宰后45min～60min测定，记为pH_1。

［来源：NY/T 821，3.2］

3.3

滴水损失　drip loss，DL

在无特定外力作用的条件下，肌肉在特定条件和规定时间内流失或渗出的液体的量。

［来源：NY/T 821，3.4］

3.4

大理石纹　marbling，MD

肌肉横截面可见脂肪与结缔组织的分布情况。

［来源：NY/T 821，3.5］

3.5

肌内脂肪　intramuscular fat，IMF

肌肉组织内的脂肪含量（单位：%）。

［来源：NY/T 821，3.6］

3.6

PSE 肉　pale，soft and exudative，PSE

屠宰后规定时间内，出现颜色灰白、质地松软和切面汁液外渗现象的肌肉。

[来源：NY/T 821，3.7]

3.7

DFD 肉　dark，firm and dry，DFD

屠宰后规定时间内，出现颜色深暗、质地紧硬和切面干燥现象的肌肉。

[来源：NY/T 821，3.8]

3.8

嫩度　tenderness

切割肉时所需的剪切力。

[来源：NY/T 1180，2.1]

3.9

肌肉质地　muscle texture

肌肉的坚实度和肌肉纹理的致密度。

[来源：NY/T 1759，3.6]

3.10

脂肪色　fat color

脂肪的色泽。

[来源：NY/T 1759，3.7]

3.11

皮厚　pigskin thickness

用游标卡尺在第 6 至第 7 肋骨处测定的皮肤厚度。

4　技术要求

4.1　猪只要求

纯种荣昌猪商品猪或通过杂交模式生产的含 50％ 及以上荣昌猪血缘的商品猪。

4.2　屠宰加工

按照 GB/T 17236 和 GB/T 17996 的规定执行。

4.3　评定方法

4.3.1　评定方式

肉质指标评定采用实验室测定指标和现场测定指标相结合的方式，综合评定猪肉品质等级。

4.3.2　实验室测定指标

包括肌内脂肪、滴水损失、嫩度、肉色、大理石纹等肉质评价指标。

4.3.3　现场测定指标

包括 PSE 肉、DFD 肉、脂肪色、皮厚、pH$_1$ 等肉质评价指标。

4.4　评定标准

4.4.1　实验室等级评定

肌内脂肪、滴水损失、嫩度、肉色、大理石纹等指标在实验室测定，根据测定结果和评定标准，评定为 A、B 等级，滴水损失和肉色指标中有 1 项指标不符合标准要求时，不纳入评级。所有指标同时满足评定标准要求时，评定为 A 级；1 项及以上指标不符合评定标准要求时，评定为 B 级。评定标准具体要求见表1。

表 1 实验室评定标准表

肌内脂肪/%	滴水损失/%	嫩度/N	肉色/分	大理石纹/分
≥3.4	1.5～5	≤2.5	3～4	≥3

4.4.2 现场等级评定

脂肪色、肌肉质地、皮厚、pH$_1$等指标为现场测定，根据测定结果和评定标准，评定为Ⅰ级、Ⅱ级，其中 PSE 肉和 DFD 肉两个指标不纳入评级。所有指标同时满足评定标准要求时，评定为Ⅰ级；1 项及以上指标不符合评定标准要求时，评定为Ⅱ级。评定标准具体要求见表 2。

表 2 现场评定标准表

脂肪色	肌肉质地	皮厚/mm	pH$_1$
按照 NY/T 1759 的脂肪色Ⅰ级标准要求测定	按照 NY/T 1759 的肌肉质地Ⅰ级标准要求测定	≥4.5	5.9～6.5

4.4.3 猪肉品质综合评定

根据猪肉实验室评定等级和现场评定等级，将猪肉品质综合等级分为特、优、良 3 个等级。等级划分具体要求见表 3。

表 3 猪肉品质综合等级评定表

实验室评定等级	现场评定等级	
	Ⅰ	Ⅱ
A	AⅠ（特等）	AⅡ（优等）
B	BⅠ（优等）	BⅡ（良等）

5 测定方法

5.1 肉色
按照 NY/T 821 的规定执行。

5.2 pH$_1$
按照 NY/T 821 的规定执行。

5.3 滴水损失
按照 NY/T 821 的规定执行。

5.4 大理石纹
按照 NY/T 821 的规定执行。

5.5 肌内脂肪
按照 NY/T 821 的规定执行。

5.6 PSE 肉
按照 NY/T 821 的规定执行。

5.7 DFD 肉
按照 NY/T 821 的规定执行。

5.8 嫩度
按照 NY/T 1180 的规定执行。

5.9 肌肉质地
按照 NY/T 1759 的规定执行。

5.10 脂肪色
按照 NY/T 1759 的规定执行。

5.11 皮厚

用游标卡尺在第 6 至第 7 肋骨处测定皮肤厚度。

6 标识

根据荣昌猪猪肉综合等级评价结果，标记荣昌猪猪肉，标识形式统一设计，标识内容可包括相关肉质评价指标等级水平。

————————

ICS 65.020.30
CCS B 40

DB50

重 庆 市 地 方 标 准

DB50/T 1275.1—2022

生猪智慧养殖数字化应用与管理
第1部分：总则

2022-07-15 发布

2022-10-15 实施

重庆市市场监督管理局 发布

前　言

本文件按照 GB/T 1.1—2020《标准化工作导则　第 1 部分：标准化文件的结构和起草规则》的规定起草。

本文件是 DB50/T 1275《生猪智慧养殖数字化应用与管理》的第 1 部分。DB50/T 1275 已经发布了以下部分：

——第 1 部分：总则；

——第 2 部分：基础数据；

——第 3 部分：智能设备；

——第 4 部分：数据可视化；

——第 5 部分：生产管理；

——第 6 部分：养殖；

——第 7 部分：生物安全。

请注意本文件的某些内容可能涉及专利。本文件的发布机构不承担识别专利的责任。

本文件由重庆市农业农村委员会提出并归口。

本文件起草单位：重庆（荣昌）生猪大数据中心、重庆市畜牧技术推广总站、联通数字科技有限公司重庆市分公司、国农（重庆）生猪大数据产业发展有限公司、西南大学。

本文件主要起草人：秦友平、朱燕、陈红跃、何道领、甘玲、李常营、钟绍智、黄文艳、康波、姚楠、易杰、张亮、何伟、谢佳华、袁青松、肖敏、张渝钢、谭剑蓉、吕小华。

生猪智慧养殖数字化应用与管理
第1部分：总则

1 范围

本文件规定了生猪智慧养殖数字化的术语和定义、缩略语、基本要求、应用与管理的组成。

本文件适用于生猪养殖产业链相关主体的数字化应用与管理工作。

注： 相关主体包括但不限于政府监管部门、技术支撑部门、养殖企业（场）、粪污资源化利用社会化服务方。

2 规范性引用文件

下列文件中的内容通过文中的规范性引用而构成本文件必不可少的条款。其中，注日期的引用文件，仅该日期对应的版本适用于本文件；不注日期的引用文件，其最新版本（包括所有的修改单）适用于本文件。

GB/T 33780.1　基于云计算的电子政务公共平台技术规范　第1部分：系统架构

GB/T 39925　农业固定设备　畜牧业数据通信网络

DB50/T 1096.1　畜牧兽医大数据应用与管理　第1部分：总则

3 术语和定义

下列术语和定义适用于本文件。

3.1

数据仓库　data warehouse

为企业所有级别的决策制定过程，提供所有类型数据支持的战略集合，基于分析性报告和决策支持目的而创建。

3.2

蜂窝移动网　cellular network

采用蜂窝无线组网方式，通过无线通道连接终端和网络设备，进而实现用户在活动中可相互通信的网络。

3.3

数据开放接口　data interface

数据对接与传输过程中需要的软硬件、网络环境及其在信息交换时需要遵从的通信方式和要求。

[来源：DB50/T1096.1，3.4，有修改]

3.4

智能环控　intelligent environmental control

通过对养殖舍内相关物联网设备（除湿机、加热器、开窗机、红外灯、风机、水帘等）的智能控制，实现养殖舍内环境（包括温度、湿度、光照、有害气体等）的集中、远程、联动控制。

4 缩略语

下列缩略语适用于本文件。

AI：人工智能（Artificial Intelligence）

App：智能移动终端的应用程序（Application）

5 基本要求

5.1　数据交换的基本协议，使用的数据结构应符合GB/T 39925的要求。

5.2 基于云计算公共平台的系统架构，设计、建设、运行、服务和管理应符合 GB/T 33780.1 的要求。

6 生猪智慧养殖数字化应用与管理组成

6.1 框架

6.1.1 主要包括生猪智慧养殖基础数据、智能设备、数据可视化、生产管理、养殖、生物安全 6 个部分，生猪智慧养殖数字化应用与管理技术框架图见附录 A。

6.1.2 生猪智慧养殖系统建设内容架构图见图 1。

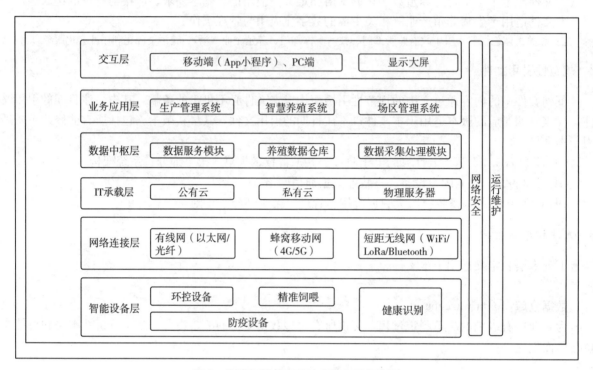

图 1 生猪智慧养殖系统建设内容架构图

6.2 基础数据

对数据采集的支持、数据仓库的分类范围、数据服务展示以及软件环境配置建议的要求。

6.3 智能设备

对生猪智慧养殖管理系统中环境监测传感器、环境控制器、中央报警器、料线系统、料塔系统、网络视频录像机（NVR）、高清摄像头、AI 摄像头、滑轨机器人、智能耳标、智能洗消机器人、人脸识别一体机、主动红外入侵探测器、语音识别等的要求。

6.4 数据可视化

对生猪智慧养殖数据可视化功能展现要求、可视化场景和配置的建议。

6.5 生产管理

对生猪智慧养殖大数据系统管理、生物安全管理、猪只信息管理、生产管理、物资管理、猪只采购销售管理、智能设备管理、报表分析等的要求。

6.6 养殖

对生猪智慧养殖智能环控、精准饲喂、精准识别、种猪性能测定等的要求。

6.7 生物安全

对生猪智慧养殖中人员生物安全、车辆洗消安全、物资生物安全、猪只生物安全、外环境生物安全等的要求。

附 录 A

（规范性）

生猪智慧养殖数字化应用与管理技术框架图

图 A.1 规定了生猪智慧养殖数字化应用与管理技术框架。

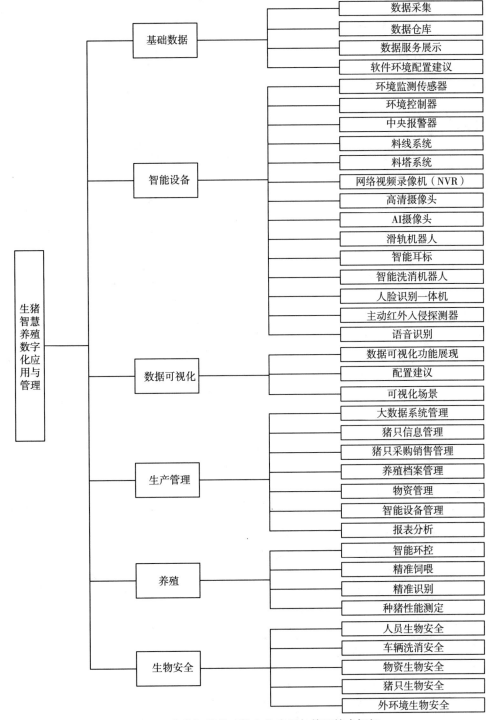

图 A.1 生猪智慧养殖数字化应用与管理技术框架

ICS 65.020.30
CCS B 40

DB50

重 庆 市 地 方 标 准

DB50/T 1275.2—2022

生猪智慧养殖数字化应用与管理
第2部分：基础数据

2022-07-15 发布
2022-10-15 实施

重庆市市场监督管理局 发布

前　言

本文件按照 GB/T 1.1—2020《标准化工作导则　第 1 部分：标准化文件的结构和起草规则》的规定起草。

本文件是 DB50/T 1275《生猪智慧养殖数字化应用与管理》的第 2 部分。DB50/T 1275 已经发布了以下部分：

——第 1 部分：总则；

——第 2 部分：基础数据；

——第 3 部分：智能设备；

——第 4 部分：数据可视化；

——第 5 部分：生产管理；

——第 6 部分：养殖；

——第 7 部分：生物安全。

请注意本文件的某些内容可能涉及专利。本文件的发布机构不承担识别专利的责任。

本文件由重庆市农业农村委员会提出并归口。

本文件起草单位：重庆（荣昌）生猪大数据中心、重庆市畜牧技术推广总站、联通数字科技有限公司重庆市分公司、西南大学、国农（重庆）生猪大数据产业发展有限公司。

本文件主要起草人：钟绍智、朱燕、陈红跃、甘玲、李常营、何道领、秦友平、黄文艳、康波、姚楠、易杰、张亮、何伟、谢佳华、袁青松、刘松、饶光、梁波、谭剑蓉、吕小华。

生猪智慧养殖数字化应用与管理
第2部分：基础数据

1 范围

本文件规定了生猪智慧养殖基础数据的术语和定义、缩略语、数据采集、数据仓库、数据服务及软件环境配置建议。

本文件适用于生猪养殖产业链相关主体的数字化应用与管理工作。

注：相关主体包括但不限于政府监管部门、技术支撑部门、养殖企业（场）、粪污资源化利用社会化服务方。

2 规范性引用文件

下列文件中的内容通过文中的规范性引用而构成本文件必不可少的条款。其中，注日期的引用文件，仅该日期对应的版本适用于本文件；不注日期的引用文件，其最新版本（包括所有的修改单）适用于本文件。

GB/T 22239　信息安全技术　网络安全等级保护基本要求

GB/T 38667　信息技术　大数据　数据分类指南

GB/T 39925　农业固定设备　畜牧业数据通信网络

DB50/T 1096.3　畜牧兽医大数据应用与管理　第3部分：信息分类与编码

3 术语和定义

下列术语和定义适用于本文件。

3.1
数据校验　data verification

为保护数据的完整性、正确性所进行的验证操作。

3.2
脏数据　dirty read

源系统中的数据不在给定的范围内或对实际业务毫无意义，或是数据格式非法，以及在源系统中存在不规范的编码和含糊的业务逻辑。

3.3
数据仓库　data warehouse

为企业所有级别的决策制定过程，提供所有类型数据支持的战略集合，基于分析性报告和决策支持目的而创建。

3.4
软件接口　software interface

程序中负责在不同模块之间传输或接收数据并做处理的类或者函数。

4 缩略语

下列缩略语适用于本文件。

API：应用程序编程接口（Application Programming Interface）

GIS：地理信息系统（Geographic Information System）

5 数据采集

5.1 支持物联网数据、人工填报数据、其他应用系统接口数据等多源数据采集。

5.2 支持实时数据和离线数据采集，以及结构化、半结构化和非结构化数据采集。

5.3 支持对脏数据的数据校验、清洗、转换等，将有效数据按规则写入数据仓库。

5.4 数据校验应具备完整性、规范性、一致性、准确性、唯一性、关联性。

5.5 信息安全技术网络安全等级和数据通信网络应符合 GB/T 22239、GB/T 39925 的要求。

5.6 数据分类分级、数据全生命周期管理应符合 GB/T 38667、DB50/T 1096.3、重庆市公共数据分类分级指南（试行）的要求。

6 数据仓库

6.1 基础信息数据库

6.1.1 包含养殖企业（场）、养殖专业户基础信息，如编码、单位名称、所在地区、详细地址、养殖规模、联系人、联系电话、图片、猪舍影像资料等数据。

6.1.2 猪场厂区信息名称、联系人、电话、经营品种、地址、栋舍数量、圈舍等数据。

6.2 生产管理数据库

6.2.1 猪只信息数据包括但不限于以下内容：

　　a) 种猪：系谱、日龄、配种、妊检、分娩、断奶、采精、入栏、转栏、出栏、存栏、体重、健康状况；

　　b) 仔猪：日龄、入栏、转栏、出栏、存栏、体重、健康状况；

　　c) 后备猪：系谱、日龄、调教、入栏、转栏、出栏、存栏、体重、选育、淘汰、健康状况；

　　d) 生长育肥猪：日龄、入栏、转栏、出栏、存栏、体重、健康状况。

6.2.2 猪只记录数据包括但不限于饲喂、免疫、巡检、消毒。

6.2.3 投入品数据包括但不限于饲料、兽药、疫苗、消毒药等投入品的名称、来源、购买日期和数量、使用日期和数量、猪只类型、操作人。

6.2.4 猪只采购数据包括但不限于采购时间、来源、数量、单价、金额。

6.2.5 猪只销售数据包括但不限于售卖时间、数量、去向、单价、金额。

6.3 物联网传感数据库

6.3.1 生产环境数据包括但不限于温度、湿度、有害气体浓度、光照强度。

6.3.2 智能饲喂数据包括但不限于余料量、投料量、采食次数、采食量、饮水量。

6.3.3 猪只健康数据包括但不限于猪只体重、体温、运动量、异常行为和声音。

6.3.4 设备基础数据包括但不限于智能设备数量、厂家、型号等基础信息，能耗、故障等检测信息。

6.4 场区管理数据库

6.4.1 人员安防数据包括但不限于人员信息、淋浴和告警记录。

6.4.2 车辆洗消烘干数据包括但不限于车牌、类型、时间。

6.4.3 物资消毒数据包括但不限于种类、方式、时间。

6.4.4 周界安全数据包括但不限于人员出入、异常入侵、告警记录。

6.4.5 摄像头监控数据包括但不限于视频、音频。

6.4.6 能耗数据包括但不限于水表、电表、气表数据。

7 数据服务

7.1 要求

7.1.1 数据服务符合权限管理。

7.1.2 提供无脏数据的数据服务。

7.1.3 支持数据分析和展示。

7.1.4 数据安全可靠。

7.2 数据分析及可视化

7.2.1 包括但不限于聚合分析、数据挖掘、数据建模。

7.2.2 可视化图形组件包括但不限于柱形图、饼图、折线图、GIS 地图。

7.3 数据开放接口

7.3.1 包括但不限于 API 接口、中间表、静态文件、前置机。

7.3.2 数据范围包含但不限于第 6 章数据仓库的内容。

8 软件环境配置建议

生猪智慧养殖软件环境配置建议见表1。

表 1 生猪智慧养殖软件环境配置建议表

类别	项目	环境配置参考（≥）
软件服务端	操作系统	CentOS7.2
	中间件	Tomcat8.0
	负载均衡	Nginx1.15 版本
	关系数据库	MySQL5.7 版本
	高速缓存系统	Redis2.8.13 版本
	大数据 Hadoop 体系	Hadoop2.7.3 版本
	资源管理调度系统	HBase1.3.1 版本
	数据采集系统	Flume1.4.0 版本
	数据传输系统	Kafka2.11-2.1.0 版本
	资源调度器	Azkaban2.5.0 版本
	大数据内存计算引擎	Spark2.7 版本
	大数据处理磁盘计算引擎	MapReduce2.7.3 版本（属于 Hadoop 组件，和 Hadoop 版本一致）
	数据传输工具	Sqoop1.99.5 版本
软件客户端	操作系统	Windows7 及以上版本
	数据库	Navicat10.0 及以上版本
	浏览器	IE9.0 及以上版本，或 Firefox、Chrome、360 浏览器等

ICS 65.020.30
CCS B 40

DB50

重 庆 市 地 方 标 准

DB50/T 1275.3—2022

生猪智慧养殖数字化应用与管理
第3部分：智能设备

2022-07-15 发布
2022-10-15 实施

重庆市市场监督管理局 发布

前　言

本文件按照 GB/T 1.1—2020《标准化工作导则　第 1 部分：标准化文件的结构和起草规则》的规定起草。

本文件是 DB50/T 1275《生猪智慧养殖数字化应用与管理》的第 3 部分。DB50/T 1275 已经发布了以下部分：

——第 1 部分：总则；

——第 2 部分：基础数据；

——第 3 部分：智能设备；

——第 4 部分：数据可视化；

——第 5 部分：生产管理；

——第 6 部分：养殖；

——第 7 部分：生物安全。

请注意本文件的某些内容可能涉及专利。本文件的发布机构不承担识别专利的责任。

本文件由重庆市农业农村委员会提出并归口。

本文件起草单位：重庆（荣昌）生猪大数据中心、重庆市畜牧技术推广总站、联通数字科技有限公司重庆市分公司、西南大学、国农（重庆）生猪大数据产业发展有限公司。

本文件主要起草人：李常营、康波、朱燕、陈红跃、何道领、甘玲、钟绍智、秦友平、黄文艳、姚楠、易杰、张亮、何伟、谢佳华、饶光、杨小兰、梁波、余平、李峰、谭剑蓉、吕小华。

生猪智慧养殖数字化应用与管理
第3部分：智能设备

1 范围

本文件规定了生猪智慧养殖设施设备配置的术语和定义、缩略语、环境监测传感器、环境控制器、中央报警器、料线系统、料塔系统、网络视频录像机（NVR）、高清摄像头、AI摄像头、滑轨机器人、智能耳标、智能洗消机器人、人脸识别一体机、主动红外入侵探测器、语音识别等内容。

本文件适用于生猪养殖企业（场）、专业养殖户等生猪养殖生产经营主体的应用与管理工作。

2 规范性引用文件

本文件没有规范性引用文件。

3 术语和定义

下列术语和定义适用于本文件。

3.1

饲喂料线 feed line

可通过计重模块或容积调节的方式，精确控制各单元下料量的自动化输送饲料的管线系统。

3.2

智能料塔 intelligent feed tower

含有称重模块，能实现饲料自动管理、自动配输料、智能存储、异常监测的料塔设备。

4 缩略语

下列缩略语适用于本文件。

NVR：网络视频录像机（Network Video Recorder）

RFID：射频识别（Radio Frequency Identification）

5 环境监测传感器

5.1 温度传感器：能够实时监测、采集养殖环境温度数据。

5.2 湿度传感器：能够实时监测、采集养殖环境湿度数据。

5.3 气体传感器：能够实时监测、采集养殖环境有害气体浓度数据。

5.4 信息采集端各类传感器的参数应符合检测精密度的范围要求。

6 环境控制器

支持定速或变速风机、加热器、冷却器、滑窗等设备智能控制。

7 中央报警器

支持本地、云端报警信息的记录、通讯、查看、追溯、监测、远程控制，及未处理报警事件的现场报警和提醒。

8 网络视频录像机（NVR）

与视频编码器或网络摄像头协同工作，完成视频的录像、存储及转发。

9 高清摄像头

采用可变焦摄像头,支持通过监控平台或手机等远程智能终端查看视频。

10 AI 摄像头

实时监测、采集养殖场猪只的视频图像,实现猪只的盘点、估重等功能。

11 滑轨机器人

具有支持对猪舍与设备的工作状态监测,提供猪只的视频巡检、智能分栏、智能估重、远程盘点等功能。

12 智能耳标

对猪只身份识别、体温、行为状况进行实时监测。

13 智能洗消机器人

支持用户设置防疫消毒作业程序计划与消毒参数,实现养殖环境无人化消毒作业。

14 人脸识别一体机

对猪场人员人脸特征进行识别和应用,实现视频中人脸的自动识别、抓拍及管理,并具有提供检索和名单布控等功能。

15 主动红外入侵探测器

支持联动声光警戒半球摄像机发出声光报警,同时通知后台管理人员,开展违规入侵检测。

16 语音识别

支持通过拾音设备实时采集并传输猪舍内的声音,实现猪只异常状况的智能识别。

17 参数建议

生猪智慧养殖硬件参数建议见附录 A。

附　录　A

（资料性）

生猪智慧养殖硬件参数建议

表 A.1 给出了生猪智慧养殖硬件参数建议。

表 A.1　生猪智慧养殖硬件参数建议

硬件名称	参数建议
饲喂料线	自动料线及配件、各种养殖料线零部件
智能料塔	料塔称重传感器，适用于输送滚道秤等有水平冲击力场合的称重和过程称重控制，实现本地、云端数据的显示、查看及数据导出
环境监测传感器	温度传感器，湿度传感器，NH_3 传感器、H_2S 传感器、CO_2 传感器等有害气体传感器
环境控制器	支持定速或变速风机、加热器、冷却器、滑窗开度、智能水表等设备智能控制和数据统计
中央报警器	全场集中报警系统，配置独立无线报警发射器，实现联网功能，本地、云端报警事件通知
网络视频录像机（NVR）	硬盘录像机，多盘位，支持多种协议混合接入
高清摄像头	200 万星光级 1/2.7" CMOS 智能筒型网络摄像头
AI 摄像头	布设在赶猪台或猪栏上，通过深度学习算法，提供智能分栏、智能估重功能
滑轨机器人	本地处理，通过深度学习算法进行视觉处理，具有视频巡检、智能分栏、智能估重、远程盘点等功能，视频采集，内置深度传感器
智能耳标	适用于体重大于 10kg 的各类猪只
智能洗消机器人	机身小巧，适用于清洗各种场地；自主编程，手自一体全智能化控制
人脸识别一体机	LCD 触摸显示屏，支持人脸、指纹、密码（超级密码）及其组合的认证方式
主动红外入侵探测器	二光束、三光束，光束同时遮断检测式，LED 红外光
语音识别	实时采集并传输猪舍内的声音，支持无损格式压缩，WMA 格式传输，有效分辨猪舍内猪群异常状况

ICS 65.020.30
CCS B 40

DB50

重 庆 市 地 方 标 准

DB50/T 1275.4—2022

生猪智慧养殖数字化应用与管理
第4部分：数据可视化

2022-07-15 发布
2022-10-15 实施

重庆市市场监督管理局 发布

前　言

本文件按照 GB/T 1.1—2020《标准化工作导则　第 1 部分：标准化文件的结构和起草规则》的规定起草。

本文件是 DB50/T 1275《生猪智慧养殖数字化应用与管理》的第 4 部分。DB50/T 1275 已经发布了以下部分：

——第 1 部分：总则；

——第 2 部分：基础数据；

——第 3 部分：智能设备；

——第 4 部分：数据可视化；

——第 5 部分：生产管理；

——第 6 部分：养殖；

——第 7 部分：生物安全。

请注意本文件的某些内容可能涉及专利。本文件的发布机构不承担识别专利的责任。

本文件由重庆市农业农村委员会提出并归口。

本文件起草单位：重庆（荣昌）生猪大数据中心、重庆市畜牧技术推广总站、联通数字科技有限公司重庆市分公司、国农（重庆）生猪大数据产业发展有限公司、西南大学。

本文件主要起草人：朱燕、姚楠、陈红跃、甘玲、何道领、李常营、钟绍智、秦友平、黄文艳、康波、易杰、张亮、何伟、谢佳华、饶光、吕召彪、梁波、谭剑蓉、吕小华。

生猪智慧养殖数字化应用与管理
第4部分：数据可视化

1 范围

本文件规定了生猪智慧养殖数据可视化的术语和定义、功能展现要求、可视化场景和配置建议。
本文件适用于生猪养殖产业链相关主体的数字化应用与管理工作。

注：相关主体包括但不限于政府监管部门、技术支撑部门、养殖企业（场）、粪污资源化利用社会化服务方。

2 规范性引用文件

本文件没有规范性引用文件。

3 术语和定义

下列术语和定义适用于本文件。

3.1

看板 dashboard

能够统一展示的界面，包括但不限于浏览器、应用程序、App端可视化报表展示界面。

4 功能展现要求

4.1 移动端和PC端

4.1.1 应满足养殖场不同岗位需求：
a) 用户管理模块；
b) 猪只信息管理模块；
c) 圈舍信息管理模块；
d) 猪舍环境管理模块；
e) 智能设备管理模块；
f) 生产管理模块；
g) 投入品管理模块；
h) 销售管理模块；
i) 统计报表模块。

4.1.2 支持各类基础信息录入。

4.1.3 支持环境和设备设施参数查看。

4.1.4 支持智能设备的远程安全操控。

4.1.5 支持生产经营统计分析结果的展示。

4.1.6 支持各类通知和告警提醒功能。

4.1.7 支持系统各种配置功能。

4.2 可视化大屏

4.2.1 支持通过猪场大屏看板、场区三维建模、栏舍VR场景展示等形式，统一展现生猪养殖情况。

4.2.2 支持柱形图、饼形图、折线图等多种表现形式。

4.3 重点展示内容

包含场内生产过程的核心数据，重点展示内容见表1。

表 1 重点展示内容

展示模块	展示内容
首页	基本信息，待办任务，猪栋（舍）数，存栏量，设备数量，设备预警
用户管理模块	用户，岗位，权限，场区
猪只管理模块	公猪，母猪，仔猪，生长育肥猪
圈舍管理模块	区域，圈舍
投入品管理模块	饲料，饮水，动保
生产管理模块	任务管理，免疫记录，生物安全
智能设备管理模块	智能设备数据，智能设备清单，设备预警阈值设置，设备预警
猪舍环境管理模块	猪舍基本信息，智能设备数据，视频流数据
销售管理模块	猪只采购信息，销售信息
统计报表模块	存栏量，公猪，母猪，仔猪，生长育肥猪，投入品

5 可视化场景和配置建议

5.1 可视化场景

生猪智慧养殖场数据可视化场景建议（见附录 A）。

5.2 主要配置建议

根据不同规模，生猪养殖场主要软、硬件配置建议见表 2。

表 2 生猪养殖场主要软硬件配置建议表

配置			存栏量					
			200 头	500 头	1 000 头	2 000 头	5 000 头	10 000 头
硬件	智慧安防	NVR	1	1	1	1	1	1
		千兆交换机	1	1	1	2	4	6
		中央报警器	1	1	1	1	1	1
		高清摄像头	6	8	10	20	64	120
		车辆识别	1	1	1	1	1	1
	智慧能源	智能水表	1	1	1	1	1	1
		智能电表	1	1	1	1	1	1
		物联网环境控制器	1	1	4	8	12	15
	智能环控	物联网环境控制器	1	1	4	8	12	15
		温度监控传感器	育肥舍，配杯舍 30 m/个，分娩舍，保育舍 15 m/个					
		温度监控传感器	每单元猪舍配置 1 套					
		负压传感器	每单元猪舍配置 1 套					
		二氧化碳监控传感器	每单元猪舍配置 1 套					
		氧气监控传感器	每单元猪舍配置 1 套					
	精准饲喂	料塔称重传感器	8	8	16	24	64	120
		料塔控制器	8	8	16	24	64	120
		液态料线	1	1	2	3	8	15
	健康识别	热成像摄像头			1	2	5	10
		滑轨机器人			1	2	5	10
		语音识别			1	1	1	1

表 2（续）

配置			存栏量					
			200 头	500 头	1 000 头	2 000 头	5 000 头	10 000 头
硬件	盘点估重	AI 摄像头			100	200	200	400
		智能耳标			100	200	200	400
		射频耳标	200	500				
	粪污处理	自动刮粪板	每粪沟 1 套					
		COD 监测传感器		1	1	1	1	1
		BOD 监测传感器		1	1	1	1	1
软件	智慧安防	人员安全防控	√	√	√	√	√	√
		车辆洗消安全防控	√	√	√	√	√	√
		周界生物安全防控	√	√	√	√	√	√
		物资消毒安全防控	√	√	√	√	√	√
	智慧养殖系统	智能环控 猪舍环境远程监测控制	√	√	√	√	√	√
		粪污智能处理	√	√	√	√	√	√
		精准饲喂 育肥猪智能饲喂	√	√	√	√	√	√
		智能料塔系统	√	√	√	√	√	√
		健康识别 猪只行为识别					√	√
		盘点估重					√	√
		猪只个体健康信息识别					√	√
	生产管理系统	基础信息管理 用户信息管理	√	√	√	√	√	√
		设施信息管理	√	√	√	√	√	√
		投入品管理	√	√	√	√	√	√
		猪只信息管理	√	√	√	√	√	√
		养殖记录管理	√	√	√	√	√	√
		采购销售管理 猪只采购	√	√	√	√	√	√
		猪只销售	√	√	√	√	√	√
		智能设备管理 设备信息统计	√	√	√	√	√	√
		设备检测管理	√	√	√	√	√	√

附　录　A

（资料性）

生猪智慧养殖场数据可视化场景建议

表 A.1 给出了生猪智慧养殖场数据可视化场景建议。

表 A.1　生猪智慧养殖场数据可视化场景建议

模块	功能及作用	涉及软硬件
综合管理集成模块	实现对场内的智能化设备实时管理和猪只的生产管理	包括但不限于监控、环控、能耗、粪污、精准识别系统等
监控管理模块	对猪场内外进行实时监控	包括但不限于摄像头、交换机、NVR、电脑、辅材、云平台等
生物安全模块	对进出猪场的车辆以及进出猪舍的工作人员进行洗消监管	包括但不限于车辆智能洗消中心、智能车辆识别门禁、圈舍门禁、门禁管理系统等
精准饲喂模块	针对不同生长阶段的猪只，提供液态料、粥料、干料等饲料，同时精准监控饲料消耗量	包括但不限于料塔称重传感器、控制器、控制器集成系统、液态料线、发酵罐、饲喂泵、下料阀、双螺旋管道、重量传感器、粥料桶、加热器、料盘容量感应器、干料料线主机、绞龙、料位传感器等
智能环控模块	实时监测猪舍内部的环境参数，出现异常情况时，系统自动预警	包括但不限于温度、湿度、CO_2、NH_3、负压传感器、环境控制器、环控管理系统等
粪污管理模块	实现对粪污的自动清理、粪污浓度监测，有效管理场内粪污	包括但不限于自动刮粪机、粪污处理机器人、COD监测传感器、BOD监测传感器、粪污管理平台等
能耗管理模块	实时监测猪场内部的用电、用水情况	包括但不限于智能水表、智能电表、控制器、智能能效管理系统等
AI管理模块	实现对猪只的盘点和估重	包括但不限于AI摄像头、交换机、NVR、巡检机器人、热成像仪、大数据算法、AI后台系统等
精准识别模块	实现自动化计量、测量等功能。通过辨别猪只声音判断猪只的疾病与健康状态、发情状态等	包括但不限于智能耳标、网关、声音采集器，管理平台等

ICS 65.020.30
CCS B 40

DB50

重 庆 市 地 方 标 准

DB50/T 1275.5—2022

生猪智慧养殖数字化应用与管理
第5部分：生产管理

2022-07-15 发布
2022-10-15 实施

重庆市市场监督管理局 发布

前　言

本文件按照 GB/T 1.1—2020《标准化工作导则　第 1 部分：标准化文件的结构和起草规则》的规定起草。

本文件是 DB50/T 1275《生猪智慧养殖数字化应用与管理》的第 5 部分。DB50/T 1275 已经发布了以下部分：

——第 1 部分：总则；

——第 2 部分：基础数据；

——第 3 部分：智能设备；

——第 4 部分：数据可视化；

——第 5 部分：生产管理；

——第 6 部分：养殖；

——第 7 部分：生物安全。

请注意本文件的某些内容可能涉及专利。本文件的发布机构不承担识别专利的责任。

本文件由重庆市农业农村委员会提出并归口。

本文件起草单位：重庆（荣昌）生猪大数据中心、重庆市畜牧技术推广总站、联通数字科技有限公司重庆市分公司、西南大学、国农（重庆）生猪大数据产业发展有限公司。

本文件主要起草人：陈红跃、易杰、朱燕、甘玲、李常营、何道领、钟绍智、秦友平、黄文艳、康波、姚楠、张亮、何伟、谢佳华、刘松、谢林江、胡毅、余平、李峰、谭剑蓉、吕小华。

生猪智慧养殖数字化应用与管理
第5部分：生产管理

1 范围

本文件规定了生猪智慧养殖生产管理的术语和定义，对系统管理、猪只信息管理、猪只采购销售管理、养殖档案管理、物资管理、智能设备管理、报表分析等的要求。

本文件适用于生猪规模养殖企业（场、户）等生猪生产经营主体的应用与管理工作。

2 规范性引用文件

本文件没有规范性引用文件。

3 术语和定义

本文件没有需要界定的术语和定义。

4 系统管理

包括用户信息管理、养殖场区管理、系统维护等功能。应符合以下要求：
a) 支持用户注册、登录、信息管理；
b) 支持岗位管理、权限管理、日志管理；
c) 支持添加、编辑、删除、查询等信息；
d) 支持查看、编辑、删除菜单信息、系统信息等。

5 猪只信息管理

5.1 应符合以下要求：
a) 支持种猪系谱、配种、妊检、分娩、断奶、采精、输精、入栏、分栏、转栏、出栏等管理；
b) 支持仔猪入栏、分栏、转栏等管理；
c) 支持生长育肥猪入栏、分栏、转栏、称重、出栏等管理；
d) 支持各猪舍存栏、母猪配种、断奶、分娩、胎次、胎龄、产仔数、猪只死淘等生产报表分析展示。

5.2 对可采用物联网设备监测的生产管理环节，如存栏、入栏、分栏、转栏、出栏，用AI摄像头、巡检机器人、智能耳标等物联网设备与平台共同实现智能化生产信息管理，实现猪只信息管理的电子化。

6 猪只采购销售管理

6.1 采购管理

支持猪只检疫证明、免疫信息、时间、来源、品种、数量、单价、重量等猪只采购信息录入和查看等管理功能。

6.2 销售管理

支持猪只检疫证明、免疫信息、时间、品种、数量、重量、去向、单价等猪只售卖信息录入和查看等管理功能。

7 养殖档案管理

支持生产过程记录及更新的操作。应符合以下要求：

a) 支持猪只免疫记录录入、查看等功能；

b) 支持生产任务、免疫任务等的日历设置、当日工作提醒、异常工作告警，实现生产任务自动推送与录入管理功能；

c) 支持母猪配种、妊检、分娩、断奶、转舍、死亡等生产信息的录入和查看功能；

d) 支持公猪、保育猪、育肥猪的转舍、称重、死亡等生产信息的录入和查看功能。

8 物资管理

支持物资信息管理，包括但不限于购入饲料、兽药、耗材等物资的名称、来源、日期、数量，使用日期和数量、使用猪只等信息的录入和查看功能。

9 智能设备管理

支持养殖场内智能耳标、巡检机器人、智能饲喂器等设备的信息统计和检测管理。应符合以下要求：

a) 支持设备数量、厂家、型号、所属厂区等基础信息的录入、查询、统计；

b) 支持设备在线状态、记录、可视化、告警、故障情况的自动检测。

10 报表分析

支持养殖场内报表按月度、季度、年度统计与分析管理，包括但不限于历史存栏量、种猪报表、保育猪报表、育肥猪报表、投入品报表。

ICS 65.020.30
CCS B 40

DB50

重 庆 市 地 方 标 准

DB50/T 1275.6—2022

生猪智慧养殖数字化应用与管理
第6部分：养殖

2022-07-15 发布

2022-10-15 实施

重庆市市场监督管理局　发布

前　言

本文件按照 GB/T 1.1—2020《标准化工作导则　第 1 部分：标准化文件的结构和起草规则》的规定起草。

本文件是 DB50/T 1275《生猪智慧养殖数字化应用与管理》的第 6 部分。DB50/T 1275 已经发布了以下部分：

——第 1 部分：总则；

——第 2 部分：基础数据；

——第 3 部分：智能设备；

——第 4 部分：数据可视化；

——第 5 部分：生产管理；

——第 6 部分：养殖；

——第 7 部分：生物安全。

请注意本文件的某些内容可能涉及专利。本文件的发布机构不承担识别专利的责任。

本文件由重庆市农业农村委员会提出并归口。

本文件起草单位：重庆（荣昌）生猪大数据中心、重庆市畜牧技术推广总站、联通数字科技有限公司重庆市分公司、国农（重庆）生猪大数据产业发展有限公司、西南大学。

本文件主要起草人：黄文艳、朱燕、陈红跃、甘玲、李常营、何道领、钟绍智、秦友平、易杰、康波、姚楠、张亮、何伟、谢佳华、袁青松、饶光、董蓓、余平、李峰、谭剑蓉、吕小华。

生猪智慧养殖数字化应用与管理
第6部分：养殖

1 范围

本文件规定了生猪智慧养殖的术语和定义，以及对智能环控、精准饲喂、精准识别、种猪性能测定等的要求。

本文件适用于生猪规模养殖企业（场）等生猪生产经营主体的应用与管理工作。

2 规范性引用文件

本文件没有规范性引用文件。

3 术语和定义

下列术语和定义适用于本文件。

3.1

智能料塔 intelligent feed tower

运用传感器、物联网等技术实现物料自动管理、自动配输料、智能存储的设备。

3.2

料线系统 feeding line

自动化输送饲料的管线系统，可通过计重模块或容积调节的方式精确控制各单元下料量。

4 智能环控

4.1 通过环境传感器检测猪舍环境信息，数据传输至智能环控控制器。

4.2 智能环控应符合以下要求：

a) 支持通过传感器对猪舍的温度、湿度、有害气体浓度、光照强度等环境参数进行实时采集、存储、分析；

b) 支持环境参数超出阈值时，通过智能环控控制器触发风机、水帘、地暖、空调等环境控制设备的启停；

c) 支持将环境传感数据、环境控制设备状态数据上传至智慧养殖平台，同时由平台下发控制指令；

d) 支持根据猪只类型、饲养周期等情况，设置温、湿度等养殖环境参数阈值，生猪养殖环境参数推荐值见附录A。

5 精准饲喂

5.1 采食计划制定

支持根据猪只每日采食量、采食时段、采食频次、采食日期，结合猪只日龄、猪只体重、猪只数量等信息，自动分析、生成公猪、母猪个体及生长育肥猪的采食计划曲线。

5.2 智能料塔系统

由智能料塔称重传感器（称重模块）和智能料塔称重控制器（控制模块）组成。应符合以下要求：

a) 通讯模块嵌入加密算法，保障数据安全；

b) 支持数据实时传输到物联网平台，对数据进行智能分析，挖掘数据关联性；

c) 对比喂料数据，得到猪只饲喂量，结合栏均重呈现料肉比。

5.3 猪只智能饲喂

5.3.1 公猪智能饲喂

由智能饲喂控制器根据设置的饲喂计划，控制下料装置精准下料。应符合以下要求：

a) 根据猪只日龄、体重、繁殖季等信息，动态计算个体采食需求，制定饲喂计划，联动下料装置实现对公猪个体精准投料；

b) 根据种猪饲养特点，料塔控制器、称重传感器应支持生料、干料、生料、湿料的混合饲养，配合干料线、粥料器、液态料线控制下料。

5.3.2 母猪智能饲喂

通过应用智能耳标等方式获取母猪个体信息，数据传输至智能饲喂控制器。应符合以下要求：

a) 根据限位栏饲养的母猪情况，支持系统预设的饲喂计划，联动下料装置实现精准投料；

b) 根据大栏群养的母猪情况，基于 RFID 电子耳标识别的母猪采食次数、采食量、胎次、胎龄等指标，支持系统预设的饲喂计划，联动下料装置实现对母猪个体精准投料。

5.3.3 生长育肥猪智能饲喂

由智能饲喂控制器根据设置的饲喂计划，控制下料装置精准下料。应符合以下要求：

a) 根据猪只日龄、体重、数量等信息动态计算群体采食需求，制定群体饲喂计划，联动下料装置实现对生长育肥猪群体精准投料；

b) 根据生长育肥猪饲养特点，料塔控制器、称重传感器应支持干料、粥料、液态料等多种形态饲料，配合干料线、粥料器、液态料线控制下料。

6 精准识别

6.1 身份识别

通过智能耳标识读器获取耳标数据、猪只身份数据，并上传至生猪智慧养殖平台。应符合以下要求：

a) 针对繁育母猪、种猪等猪只，应使用具有高精度温度传感器和运动传感器的智能耳标对猪只体温、运动量等数据进行实时监测；

b) 针对育肥猪，应使用 RFID 射频耳标对猪只进行身份标识；

c) 结合手持耳标识读器或通道固定式耳标识读器，可读取猪只身份信息。

6.2 AI 识别

应符合以下要求：

a) 借助摄像头获取每个猪栏的图像采样；

b) 通过人工智能图像识别算法进行特征提取、分析，支持盘点数量、猪只估重等管理；

c) 支持识别出现打堆、厌食、攻击等非正常行为特征的猪只，通过告警提醒，及早进行人工干预；

d) 支持猪只身份识别，可替代智能耳标。

6.3 智能巡检

用于获取巡检机器人告警。应符合以下要求：

a) 支持机器人实现设备、生猪的定点、定时巡检及异常告警；

b) 支持机器人实时采集猪只声音数据及异常告警。

6.4 通道盘点

用于获取通道盘点数据。应符合以下要求：

a) 通过采集通道图像，实现猪只数量盘点、猪只重量估算；

b) 结合通道下方铺设的地磅，可精确计算栏均重量。

7 种猪性能测定

通过生猪智慧养殖平台，完成种猪场内测定猪数据更新的操作。应符合以下要求：

a) 支持测定并记录猪只生长发育状况；
b) 支持采料、称重等数据；
c) 支持将测定数据保存到数据库，并计算饲料报酬；
d) 能自动形成表格、文字、图形等类型的分析报告。

附　录　A

（规范性）

生猪养殖环境参数推荐值

表 A.1 给出生猪养殖环境参数推荐值。

表 A.1　生猪养殖环境参数推荐值

生猪类型	饲养阶段	温度/℃	湿度/%
哺乳仔猪	1 日龄～3 日龄	30～32	75～80
	4 日龄～7 日龄	28～30	75～80
	8 日龄～15 日龄	25～28	70～75
生长育肥猪	育肥前期（15 kg～30 kg）	18～22	65～75
	育肥中期（30 kg～60 kg）	18	65
	育肥后期（60 kg～110 kg）	15～18	70
母猪	空怀母猪	18	60～80
	妊娠母猪	15	60～80
	哺乳期母猪	18	60～80
公猪	成年公猪	15	60～80

ICS 65.020.30
CCS B 40

DB50

重 庆 市 地 方 标 准

DB50/T 1275.7—2022

生猪智慧养殖数字化应用与管理
第7部分：生物安全

2022-07-15 发布

2022-10-15 实施

重庆市市场监督管理局　发布

前　言

本文件按照 GB/T 1.1—2020《标准化工作导则　第 1 部分：标准化文件的结构和起草规则》的规定起草。

本文件是 DB50/T 1275《生猪智慧养殖数字化应用与管理》的第 7 部分。DB50/T 1275 已经发布了以下部分：

——第 1 部分：总则；

——第 2 部分：基础数据；

——第 3 部分：智能设备；

——第 4 部分：数据可视化；

——第 5 部分：生产管理；

——第 6 部分：养殖；

——第 7 部分：生物安全。

请注意本文件的某些内容可能涉及专利。本文件的发布机构不承担识别专利的责任。

本文件由重庆市农业农村委员会提出并归口。

本文件起草单位：重庆（荣昌）生猪大数据中心、重庆市畜牧技术推广总站、联通数字科技有限公司重庆市分公司、西南大学、国农（重庆）生猪大数据产业发展有限公司。

本文件主要起草人：何道领、张亮、朱燕、陈红跃、甘玲、李常营、钟绍智、秦友平、黄文艳、康波、姚楠、易杰、何伟、谢佳华、张渝钢、龙华、梁波、谭剑蓉、吕小华。

生猪智慧养殖数字化应用与管理
第7部分：生物安全

1 范围

本文件规定了生猪智慧养殖生物安全的术语和定义，对人员生物安全、车辆洗消安全、物资生物安全、猪只生物安全、外环境生物安全等的要求。

本文件适用于生猪规模养殖企业（场）等生猪生产经营主体的应用与管理工作。

2 规范性引用文件

本文件没有规范性引用文件。

3 术语和定义

下列术语和定义适用于本文件。

3.1

生物安全 bio-security

避免猪群引入传染性病原（细菌、病毒、真菌或寄生虫）的措施和程序的总和。

3.2

洗消 cleansing and decontamination

对进入猪场的车辆进行清洗、消毒和烘干，以及对随车人员和物品进行清洗和消毒。

4 人员生物安全

4.1 进入养殖区监管

支持淋浴记录、门禁、时间、着装识别。

4.2 人员跨界监管

4.2.1 支持猪场员工工装颜色视觉识别、门禁人脸识别等智能识别方式，与相应猪场区域绑定，实现对猪场各区域员工非法入侵的监控、识别、告警。

4.2.2 人员跨界监管流程见图1。

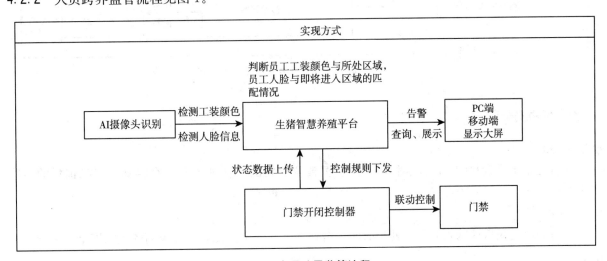

图1 人员跨界监管流程

5 车辆洗消安全

5.1 车辆洗消

5.1.1 支持通过洗消中心车牌自动抓拍来记录车辆洗消起始、结束时间，监测消毒液的流量、用量等，实现对车辆清洗合规性的监控、判断、告警。

5.1.2 车辆洗消流程见图2。

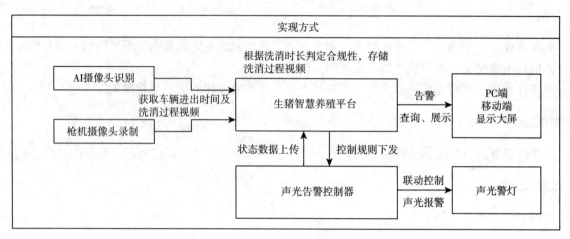

图2 车辆洗消流程

5.2 车辆烘干

5.2.1 支持通过烘干房对烘干温度和烘干时长进行监测，实现对车辆烘干合规性的监控、判断、告警。

5.2.2 车辆烘干流程见图3。

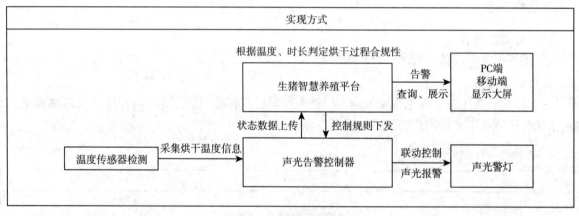

图3 车辆烘干流程

6 物资生物安全

6.1 饲料

支持完整记录饲料购入时间、饲喂时间、饲料及原料的合格证书并安全存储，保障饲料的生物安全。

6.2 兽药

支持完整记录兽药购入时间、使用时间、合格证书并安全存储，保障兽药的生物安全。

6.3 饮水

支持饮水的消毒、水质监控等，保障饮水的生物安全。

6.4 生活用品

支持生活用品的消毒，保障生活用品的生物安全。

7 猪只生物安全

7.1 猪舍智能消毒

7.1.1 支持通过设置防疫消毒作业计划与参数，实现养殖环境内的无人化消毒作业。

7.1.2 猪舍智能消毒应符合以下要求：

　　a）　猪舍内装配智能洗消机器人等设备；

　　b）　自动启动、巡线行走，并支持消毒液喷洒流量、消毒液喷洒距离等参数的自动调节；

　　c）　智能控制平台支持时间设定、记忆存储、视频录制回放、作业时间记录等功能。

7.1.3 猪舍智能消毒流程见图 4。

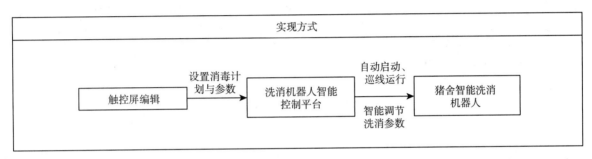

图 4　猪舍智能消毒流程

7.2 出猪作业跨界监控

7.2.1 支持对出猪台门口和出猪通道内部等重点位置进行区域入侵监测，实现对违规跨区出猪作业的监控、识别、告警。

7.2.2 出猪作业跨界监控流程见图 5。

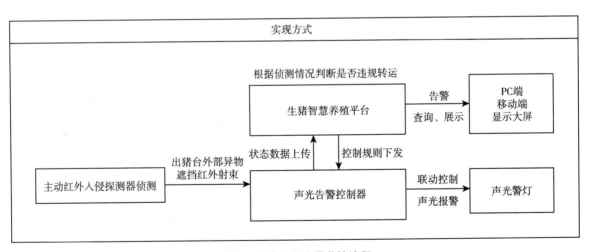

图 5　出猪作业跨界监控流程

8 外环境生物安全

8.1 支持视频监控，对猪场周界人员徘徊、爬高、抛物、无人机越线等进行监控、识别、告警。

8.2 外环境生物安全流程见图 6。

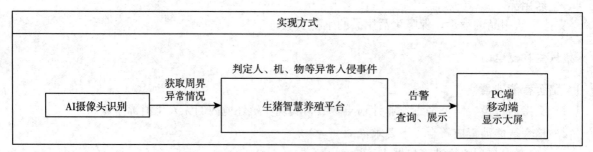

图6 外环境生物安全流程

二、牛

（12个）

ICS 65.020.30
B 43
备案号：43105—2014

DB50

重 庆 市 地 方 标 准

DB50／T 552—2014

牛程序化输精技术规程

2014-06-25 发布

2014-08-01 实施

重庆市质量技术监督局 发布

前　言

本文件按照 GB/T 1.1—2009《标准化工作导则　第 1 部分：标准的结构和编写》的规定起草。

本文件由重庆市农业委员会提出并归口。

本文件起草单位：西南大学、重庆市畜牧科学院。

本文件主要起草人：付树滨、左福元、王玲、龙翔、周沛、黄德均。

牛程序化输精技术规程

1 范围

本文件规定了牛程序化输精的术语和定义、程序化处理、发情鉴定、输精准备、输精、妊娠检查和记录。

本文件适用于经产牛程序化输精技术。

2 规范性引用文件

下列文件对于本文件的应用是必不可少的。凡是注日期的引用文件，仅注日期的版本适用于本文件。凡是不注日期的引用文件，其最新版本（包括所有的修改单）适用于本文件。

GB 4143—2008　牛冷冻精液

GB/T 5458　液氮生物容器

NY/T 1335—2007　牛人工授精技术规程

3 术语和定义

NY/T 1335—2007 界定的以及下列术语和定义适用于本文件。为了便于使用，以下重复列出了NY/T 1335—2007 中的某些术语和定义。

3.1

经产牛　multipara cow

第一胎妊娠、产犊后的母牛。

3.2

程序化输精　programmed insemination

通过药物集中处理，在短时间内对被处理母牛进行人工输精的技术。

3.3

发情周期　estrous cycle

母牛的本次发情开始至下次发情开始，或本次发情结束至下次发情结束的间隔时期，一般为17d～25d，平均21d。

3.4

发情鉴定　estrus detection

通过外部观察或其他方式确定母牛发情程度的方法。

[来源：NY/T 1335—2007，3.4]

3.5

人工输精　artificial insemination

在人工条件下利用器械将精液输送到发情母牛生殖道内，使母牛受孕的配种方法。

3.6

情期受胎率　conception rate of same insemination

同期受胎母牛数占同期输精情期数的百分比。

[来源：NY/T 1335—2007，3.5]

3.7

受胎率 conception rate

同期受胎母牛数占同期参加输精母牛数的百分比。

［来源：NY/T 1335—2007，3.6］

3.8

繁殖率 reproductive rate

同期分娩母牛数占同期应繁殖母牛数的百分比。

［来源：NY/T 1335—2007，3.7］

4 程序化处理

4.1 牛基本条件

产后第 50d 及 50d 以上的健康、繁殖机能正常的未妊娠普通母牛。

4.2 处理时间

在母牛发情周期的第 5d～9d 处理。

4.3 处理药物

促性腺激素释放激素（GnRH）和氯前列醇钠（PG‐Cl）。

4.4 处理方法

具体处理方法见表1。

表1 程序化输精处理方法

序号	时间/d	方法
1	0	肌肉注射 100 μg 的 GnRH
2	7	肌肉注射 0.6mg 的 PG‐Cl
3	9.5	肌肉注射 100μg 的 GnRH
4	10	人工输精操作

注：在第 0d 注射 GnRH 后到第 9.5d 注射 GnRH 前，若母牛发情，应按照本文件第7章进行人工输精，完成输精后无须进行后面的处理；在第 9.5d 注射 GnRH 以后，不论母牛表现或者未表现发情，均应在第 10d 进行人工输精。

5 发情鉴定

5.1 外部观察法

通过母牛的外部表现症状和生殖器官的变化判断母牛是否发情和发情程度（附录A）。

5.2 涂蜡笔

用蜡笔标记牛时，应从坐骨结节后 5cm 开始至尾根部，宽度约 2cm，每头牛每天应标记 1 次。

5.3 计步器法

计步器能够识别牛号，监测牛的活动量，从而自动列出发情牛，同时能够监测流产、肢蹄病和繁殖疾病。

6 输精准备

6.1 器具的清洗和消毒

凡是接触精液和母牛生殖道的输精用器具的清洗和消毒，应符合 NY/T 1335—2007 中附录 A 的规定，具体内容见本文件附录 B。

6.2 冷冻精液的保存

冷冻精液应浸在液氮生物容器中保存，液氮生物容器应符合 GB/T 5458 的规定。取、放样品时在空中暴露时间≤5 s。

6.3 精液品质

精液品质应符合 GB 4143—2008 中第 4 章的要求，具体内容见本文件附录 C。

6.4 精液的准备

从液氮生物容器中取精液细管时，装有精液细管的提桶上缘不能超过液氮生物容器的结霜线，且夹取冻精细管的操作时间≤5s，在 5s 内不能成功夹取的，应迅速将提桶放入液氮容器中，停留 20s 后重新夹取。精液细管取出后，应立即放入 35℃水中解冻，解冻时间为 45s。45s 后，取出冻精细管并擦干上面的水珠，输精器推杆后退，细管装至管内，冻精封口端在前，棉塞端朝里，再用剪刀剪掉细管封口端 1cm 左右，最后将塑料外套管套在输精管上并固定好。

6.5 输精员的准备

输精员应将手指甲剪短、磨光，然后再套上一次性塑料长臂手套，并在一次性塑料长臂手套表面涂抹液体石蜡进行润滑。

6.6 母牛的准备

输精前，将母牛保定好，用手排出其直肠内的宿粪后，再用清水清洗母牛外阴部并擦拭干净。

7 输精

推荐应用直肠把握输精法。具体操作方法应符合 NY/T 1335—2007 中第 7 章的规定，具体内容见本文件附录 D。

8 妊娠检查

8.1 直肠检查

人工输精后 40d 左右，对未发情的母牛可以通过直肠检查法检查妊娠情况。先摸子宫颈，将中指向前滑动，向前、向下、向后寻找角间沟，找到角间沟后握住子宫角，然后后拉，翻起整个子宫，再对两侧宫角进行触诊。孕角与非孕角有明显差异，表现为有胎的一侧充满液体感，子宫壁薄轻，轻触摸会感知有玻璃球样的物体从两指间滑过；无胎的一侧感觉有弹性且弯曲明显。

8.2 超声波检查

人工输精后 28d 左右，对未发情的母牛可以通过超声波检查法检查妊娠情况。先将母牛直肠内的宿粪清理干净，清理宿粪的同时找到子宫角在盆腔内的位置，以便探头可以快速找到子宫角进行扫描，最后手握探头进入直肠，将探头放置在两侧子宫角上分别扫描，通过图像进行判断。

8.3 血液检测

人工输精后 28d 左右，可以通过检测未发情的母牛血液中的 PAGs（Pregnancy Associated Glycoprotein，妊娠相关蛋白）确认妊娠牛，找出空怀母牛。

9 记录

9.1 记录内容

包括母牛号、母牛的品种、胎次、药物的注射时间、输精时间、冷冻精液信息及输精操作人员。

9.2 情期受胎率、受胎率和繁殖率

情期受胎率、受胎率和繁殖率的计算方法见附录 E。

附　录　A

（资料性）

母牛发情外部表现症状和生殖器官的变化

A.1 母牛发情外部表现症状和生殖器官的变化

母牛发情外部表现症状和生殖器官的变化见表 A.1。

表 A.1　发情外部表现症状和生殖器官的变化

症状和变化	发情初期	发情中期	发情后期
外部表现症状	兴奋不安，嚎叫，食欲减退，反刍减少；常弓腰举尾，频频排尿，试图爬跨其他牛但不接受其他牛的爬跨	频繁爬跨其他牛，同时静立接受其他牛的爬跨	母牛变得安静，拒绝其他牛的爬跨
生殖器官变化	阴户肿胀、松弛、充血，子宫颈充血肿胀微张；有稀薄、透明黏液流出	阴户皱襞展开、潮红、湿润，阴道黏膜充血，流出黏液量增加；黏液透明、牵缕性强	流出的黏液量减少；黏液黏性差、呈乳白色且浓稠，常粘在阴唇下部或臀部周围

附　录　B

（规范性）

输精器具的清洗和消毒

B.1　玻璃器皿

使用前用水浸泡和洗涤，有污物的宜用加洗涤剂的温热水或重铬酸钾洗液浸泡数小时，用水洗净后晾干备用。玻璃输精管放置在电热干燥箱 160℃保持 0.5h，自然冷却后备用。

B.2　金属器械

金属输精器类洗净后，置电热干燥箱 120℃保持 1h，自然冷却后备用。

B.3　橡胶塑料制品

玻璃输精器上的橡胶头用蒸汽或体积分数为 75％的酒精浸泡消毒，待酒精挥发尽后方能使用；塑料制品灭菌，可放置在紫外灯下 60cm 处照射 0.5h 以上。

附　录　C

（规范性）

种公牛精液品质的要求

C.1　种公牛

种公牛应具有种用价值，外貌评价为特等或一等，体质健康，无遗传病，不允许有已发布的《中华人民共和国动物防疫法》中明确的二类疾病中的任何一种病。

C.2　新鲜精液

呈乳白色或淡黄色。精子活力≥65％，精子密度≥6×10^8 个/mL，精子畸形率≤15％。

C.3　冻精外观

细管无裂痕，两端封口严密。

C.4　剂型剂量

细管冻精：微型≥0.18mL；中型≥0.4mL。

C.5　每剂量冻精解冻后

C.5.1　精子活力
精子活力≥35。

C.5.2　前进运动精子数
前进运动精子数≥800 万个。

C.5.3　精子畸形率
精子畸形率≤18％。

C.5.4　细菌数
细菌数≤800 个。

附　录　D
（规范性）
输精

D.1　输精时间确定

D.1.1　触摸卵泡法

在卵泡壁薄、满而软、有弹性且波动感明显接近成熟排卵时输精 1 次；6h～10h 后卵泡仍未破裂，再输精 1 次。

D.1.2　外部观察法

母牛接受爬跨后 6h～10h 适宜输精。如采用 2 次输精，第二次输精时间为母牛接受爬跨后 12h～20h。青年母牛的输精时间宜适当提前。

D.2　直肠把握输精法

输精人员一手 5 指并握，呈圆锥形，从母牛肛门伸进直肠，动作要轻柔，在直肠内触摸并把握住子宫颈，另一手将输精器从阴道下口斜上方约 45°角向里轻轻插入，双手配合，输精器头对准子宫颈口，轻轻旋转插进，过子宫颈口螺旋状皱襞 1cm～2cm，即到达输精部位。1 头母牛应使用 1 支输精器或 1 支消毒塑料外套管。直肠把握输精使用器械及其操作分为：

　　a)　用球式玻璃输精器的，注入精液前后退约 0.5cm，手捏橡胶头注入精液，输精管抽出前不得松开橡胶头，以免回吸精液；

　　b)　用金属输精器的，注入精液前后退约 0.5cm，缓缓向前推输精器推杆，通过细管中的棉塞向前注入精液。

D.3　输精部位

应到子宫角间沟分岔部的子宫体部，不宜深达子宫角部位。

附 录 E

（规范性）

母牛情期受胎率、受胎率和繁殖率的计算

E.1 情期受胎率

情期受胎率按式（1）计算：

$$ECR = \frac{C}{I} \times 100\% \quad\cdots\cdots\cdots\cdots\cdots\cdots\cdots\cdots\cdots\cdots\cdots\cdots\cdots\cdots\cdots\cdots \quad (1)$$

式中：

ECR——情期受胎率，单位为百分号（%）；

C——同期受胎母牛数，单位为头；

I——同期输精情期数，单位为头·次。

E.2 受胎率

受胎率按式（2）计算：

$$CR = \frac{C}{I} \times 100\% \quad\cdots\cdots\cdots\cdots\cdots\cdots\cdots\cdots\cdots\cdots\cdots\cdots\cdots\cdots\cdots\cdots \quad (2)$$

式中：

CR——受胎率，单位为百分号（%）；

C——同期受胎母牛数，单位为头；

I——同期输精母牛数，单位为头。

E.3 繁殖率

繁殖率按式（3）计算：

$$RR = \frac{C}{I} \times 100\% \quad\cdots\cdots\cdots\cdots\cdots\cdots\cdots\cdots\cdots\cdots\cdots\cdots\cdots\cdots\cdots\cdots \quad (3)$$

式中：

RR——繁殖率，单位为百分号（%）；

C——同期产犊母牛数，单位为头；

I——同期应繁殖母牛数，单位为头。

ICS 65.020.30
B 43
备案号：43106—2014

DB50

重 庆 市 地 方 标 准

DB50/T 553—2014

架子牛饲养管理技术规程

2014-06-25 发布

2014-08-01 实施

重庆市质量技术监督局 发布

前　言

本文件按照 GB/T 1.1—2009《标准化工作导则　第 1 部分：标准的结构和编写》的规定起草。

本文件由重庆市农业委员会提出并归口。

本文件起草单位：西南大学、重庆市畜牧技术推广总站。

本文件主要起草人：左福元、王玲、李发玉、邰秀林、朱智、曾兵、陈红跃、张璐璐。

架子牛饲养管理技术规程

1 范围

本文件规定了架子牛饲养管理的术语和定义、架子牛的饲养和管理。

本文件适用于架子牛饲养的养殖场（户）。

2 规范性引用文件

下列文件对于本文件的应用是必不可少的。凡是注日期的引用文件，仅注日期的版本适用于本文件。凡是不注日期的引用文件，其最新版本（包括所有的修改单）适用于本文件。

NY/T 815　肉牛饲养标准

NY 5027　无公害食品　畜禽饮用水水质

NY 5030　无公害食品　畜禽饲养兽药使用准则

NY 5032　无公害食品　畜禽饲料和饲料添加剂使用准则

NY/T 5128　无公害食品　肉牛饲养管理准则

NY 5126　无公害食品　肉牛饲养兽医防疫准则

3 术语和定义

下列术语和定义适用于本文件。

3.1

架子牛　stocker

未经育肥或不达屠宰体况的牛，包括公牛、阉牛及淘汰母牛。

3.2

日粮　ration

1 头牛一昼夜（24h）内采食的各种饲料之总和。

3.3

精料补充料　concentrate supplement

俗称精料，指为了给以粗饲料、青饲料、青贮饲料为基础饲料的肉牛补充营养，用多种饲料原料按一定比例配制的饲料。

3.4

粗饲料　roughage

干物质中粗纤维含量等于或高于 18%，天然水分含量在 60% 以下的饲料。常见的有干草类饲料、作物秸秆等。

4 架子牛的饲养

4.1 一般要求

可采用放牧或舍饲方式饲养架子牛，主要保证骨骼发育正常，日增重保持在 0.4kg～0.6kg。日粮配制应按照 NY/T 815 执行；饲料应符合 NY 5032 的要求；饲养管理应符合 NY/T 5128 的要求。

4.2 舍饲饲养

采用粗饲料和精料补充料搭配饲喂，周岁前的架子牛精料补充料占日粮干物质量的 40%～50%，周岁后的架子牛精料补充料占日粮干物质量的 20%～30%。

4.3 放牧饲养

周岁内的架子牛宜近牧。春季返青牧草高度超过 10cm 即可开始放牧，暖季放牧宜早出牧、晚归牧；冷季放牧宜晚出牧、早归牧。根据牧草地的草产量、季节、架子牛膘情，补饲粗饲料及精料补充料，补饲应在牛回圈休息后的夜间进行，膘情差的牛多补，冷天多补，雨雪天全补饲，同时补充镁盐和食盐。

5 架子牛的管理

5.1 分群

按性别、年龄、体况等分群。

5.2 去势

公犊牛宜在 6 月龄去势。

5.3 运动

舍饲架子牛每天运动 1h 以上。

5.4 刷拭

每天刷拭牛体 1 次。

5.5 驱虫与防疫

应在冬、春季对架子牛进行体内和体外驱虫，所用药物应符合 NY 5030 的规定。按照《中华人民共和国动物防疫法》及 NY 5126 的规定防疫。

5.6 饮水

放牧地应设置饮水点，提供清洁饮水，水质应符合 NY 5027 的要求。水量供应充足，保证架子牛每天饮水不少于 2 次。

5.7 称重

每月或隔月称重，作为调整日粮的依据，避免形成僵牛。

ICS 65.020.30
B 43
备案号：43107—2014

DB50

重 庆 市 地 方 标 准

DB50/T 554—2014

肉用犊牛饲养管理技术规程

2014-06-25 发布
2014-08-01 实施

重 庆 市 质 量 技 术 监 督 局 发 布

前　言

本文件按照 GB/T 1.1—2009《标准化工作导则　第 1 部分：标准的结构和编写》的规定起草。

本文件由重庆市农业委员会提出并归口。

本文件起草单位：西南大学、重庆市畜牧科学院、丰都县畜牧兽医局。

本文件主要起草人：左福元、王玲、邰秀林、朱智、曾兵、周沛、黄德均、雷培奎。

肉用犊牛饲养管理技术规程

1 范围

本文件规定了肉用犊牛饲养管理的术语和定义、初生犊牛的护理、肉用犊牛的饲养、断奶、管理。

本文件适用于肉用犊牛饲养的养殖场（户）。

2 规范性引用文件

下列文件对于本文件的应用是必不可少的。凡是注日期的引用文件，仅注日期的版本适用于本文件。凡是不注日期的引用文件，其最新版本（包括所有的修改单）适用于本文件。

NY 5027　无公害食品　畜禽饮用水水质

NY 5030　无公害食品　畜禽饲养兽药使用准则

NY 5126　无公害食品　肉牛饲养兽医防疫准则

3 术语和定义

下列术语和定义适用于本文件。

3.1

肉用犊牛　beef calf

6月龄以内的小牛。

3.2

初乳　colostrum

母牛分娩后5d内产的乳。

3.3

常乳　mature milk

母牛分娩5d后至断奶前产的乳。

3.4

粗饲料　roughage

干物质中粗纤维含量等于或高于18%，天然水分含量在60%以下的饲料。常见的有干草类饲料、作物秸秆等。

3.5

犊牛料　calf starter

为补充犊牛的营养，以谷物及加工副产物为主要原料，按一定比例配制的混合饲料。

3.6

多汁饲料　succulent fodder

含水量达70%～95%，松脆多汁，适口性好，容易消化的饲料，通常指胡萝卜、甘薯、木薯、马铃薯等块根饲料和南瓜、番瓜等瓜类饲料。

3.7

青贮饲料　silage

新鲜的青绿饲料收获后或经适当处理后，加工切碎、压实、密封贮存在厌氧环境中，通过乳酸菌的发酵作用保存的饲料。

4 初生犊牛的护理

4.1 消除黏液

犊牛出生后，应立即清除口、鼻腔中的黏液和异物，确认犊牛能正常呼吸。若犊牛肺中呛入胎水，应握住犊牛后腿将犊牛倒提，拍打其胸部排出胎水；也可令犊牛仰卧，头偏向一边，交替压放其胸壁以排出胎水。同时，应让母牛尽快舔干犊牛身上的黏液，也可人工使用柔软的干毛巾等物品擦干。

4.2 断脐

犊牛的脐带未自然扯断时，应先将脐带中的血液挤净，然后用消毒后的剪刀在距腹部 6cm～8cm 处剪断脐带，再用 5％～10％的碘酊浸泡 1min～2min，不得将药液灌入脐带。

4.3 保温

初生犊牛应注意保温，环境温度以 15℃～25℃为宜。

5 肉用犊牛的饲养

5.1 哺乳

5.1.1 哺乳方式

肉用犊牛通常随母哺乳。

5.1.2 哺喂初乳

5.1.2.1 哺喂时间

犊牛出生后约 0.5h，应帮助犊牛站起，引导犊牛接近母牛乳房哺乳。初生犊牛出生后 0.5h～1h 应吃上初乳。

5.1.2.2 人工哺喂初乳

若母乳不足或产后母牛死亡，则需人工哺喂初乳。可用同期分娩的其他健康母牛代哺初乳或饲喂保存的初乳，也可人工配制初乳。人工初乳可按鲜牛奶 1.5kg～2kg、生鸡蛋 1 个～2 个、鱼肝油 3mL～5mL、金霉素 40mg～45mg 配制，充分搅拌、混合均匀后隔水加热至 38℃饲喂。第一次哺喂应让犊牛吃饱，喂量为 1.5kg～2kg；以后每日按体重的 1/5～1/6 计算初乳的喂量；每日喂 3 次～4 次，保证犊牛至少吃足 3d 初乳。

5.1.3 哺喂常乳

一般随母哺喂，保证犊牛哺乳量充足。若母乳不足或产后母牛死亡，则需人工哺喂常乳。一般使用鲜牛奶，每日喂量占犊牛体重的 8％～12％，每日喂 2 次～3 次，奶温保持在 38℃。

5.2 固体饲料的补喂

5.2.1 干草

犊牛出生后 7d～10d，以优质干草训练犊牛采食。

5.2.2 犊牛料

7 日龄后可开始训练犊牛采食犊牛料。初期可将犊牛料涂在犊牛嘴唇上诱其舔食，最初每日 10g～20g，以后逐步增加。犊牛能自行采食后，在犊牛栏内放置饲料盘，任其自由舔食。初期犊牛料不应多放，每日更换，保持饲料新鲜、料盘清洁。饲喂的犊牛料以湿拌料为宜。犊牛每日能采食 500g～750g 犊牛料时即可断奶。

5.2.3 多汁饲料

1 月龄后可补喂多汁饲料，饲喂时应将多汁饲料切碎，每日喂量为初期 20g～25g、2 月龄 1kg～ 1.5kg、3 月龄 2kg～3kg。

5.2.4 青贮饲料

2 月龄后可补喂青贮饲料，每日喂量为初期 100g～150g、3 月龄 1.5kg～2kg、4 月龄～6 月龄 4kg～5kg。

6 肉用犊牛的断奶

采用母仔隔离的方法断奶。舍饲犊牛以 2 月龄～4 月龄断奶为宜，放牧犊牛在 6 月龄前断奶。

7 肉用犊牛的管理

7.1 称重与编号

在犊牛出生后吃第一次初乳前，称初生重并编号，以后根据需要，早晨空腹称重。

7.2 饮水

每日给犊牛提供清洁饮水，水质应符合 NY 5027 的要求。出生后饮用 35℃～38℃的温开水，10 日龄～15 日龄后饮常温水。犊牛冬天饮温水，防止饮用冰渣水。1 个月后设置饮水槽。

7.3 分群

按犊牛出生时间、体质强弱分群，犊牛 6 月龄后应公、母分群饲养。

7.4 运动

犊牛出生后 7d～10d，可放入运动场每日自由活动 0.5h 以上；1 月龄后，每日可分上午、下午各运动 1 次，每次 1h～1.5h，也可随母放牧运动。

7.5 卫生

犊牛圈应清洁、干燥，牛舍保持通风透气，温度适中，冬暖夏凉。牛舍应定期消毒，冬季每月 1 次、夏季每 10d 1 次。哺乳用具、补料槽、饮水槽等每次用完后刷洗干净，保持清洁，定期消毒。消毒液应符合 NY 5030 的要求。

7.6 去角

7.6.1 化学法去角

犊牛出生后 10d 即可去角，用氢氧化钠去角，按产品说明执行。

7.6.2 电烙铁去角

适用于 3 周龄～5 周龄的犊牛。先保定好牛犊，将加热到 500℃的犊牛去角专用电烙铁压在犊牛角基部 15s～20s，或者烙到犊牛角四周的组织变成白色为止。

7.7 刷拭

每日刷拭牛体 1 次。

7.8 防寒保暖

冬季注意犊牛舍的保暖，防止贼风侵入，犊牛栏内应铺柔软、干净的垫草。

7.9 日常观察

观察犊牛的行为、精神、采食和粪便等，出现异常及时诊治，兽药的使用应符合 NY 5030 的要求。

7.10 防疫

按照《中华人民共和国动物防疫法》及 NY 5126 的规定防疫。

ICS 65.020.30

B 43

备案号：43108—2014

DB50

重 庆 市 地 方 标 准

DB50/T 555—2014

肉牛全混合日粮（TMR）
饲养技术规程

2014-06-25 发布　　　　　　　　　　　　2014-08-01 实施

重庆市质量技术监督局 发布

前　言

本文件按照 GB/T 1.1—2009《标准化工作导则　第 1 部分：标准的结构和编写》的规定起草。

本文件由重庆市农业委员会提出并归口。

本文件起草单位：西南大学、丰都县畜牧兽医局。

本文件主要起草人：王玲、左福元、罗宗刚、曾兵、朱智、邰秀林、范淳。

肉牛全混合日粮（TMR）饲养技术规程

1 范围

本文件规定了肉牛全混合日粮（TMR）饲养技术的术语和定义、设施和设备、肉牛分群、TMR的配制、饲喂管理。

本文件适用于采用肉牛全混合日粮（TMR）饲养的肉牛养殖场。

2 规范性引用文件

下列文件对于本文件的应用是必不可少的。凡是注日期的引用文件，仅注日期的版本适用于本文件。凡是不注日期的引用文件，其最新版本（包括所有的修改单）适用于本文件。

NY 5027　无公害食品　畜禽饮用水水质

NY 5032　无公害食品　畜禽饲料和饲料添加剂使用准则

NY/T 815　肉牛饲养标准

3 术语和定义

下列术语和定义适用于本文件。

3.1

日粮　ration

1头牛一昼夜（24h）内采食的各种饲料之总和。

3.2

全混合日粮　total mixed ration（TMR）

根据牛不同生理阶段的营养需要量，将粗饲料、青绿饲料、青贮饲料、精料、矿物质、维生素和其他添加剂按照一定比例、顺序放入专用搅拌设备，经充分混合后加工而成的一种营养相对平衡的混合饲料。

3.3

粗饲料　roughage

干物质中粗纤维含量等于或高于18%，天然水分含量在60%以下的饲料。常见的有干草类饲料、作物秸秆等。

3.4

青绿饲料　green fodder

天然水分含量在60%以上的青绿多汁植物性饲料。常见的青绿饲料有天然牧草、栽培牧草、菜叶类饲料、水生饲料、树叶类饲料等。

3.5

青贮饲料　silage

新鲜的青绿饲料收获后或经适当处理后，加工切碎、压实、密封贮存在厌氧环境中，通过乳酸菌的发酵作用保存的饲料。

3.6

精料　concentrate

为了给以粗饲料、青饲料、青贮饲料为基础饲料的肉牛补充营养，用多种饲料原料按一定比例配制的饲料。

4 设施和设备

4.1 设施

4.1.1 牛舍及通道

对头式牛舍中间通道的宽度应根据牛场实际及 TMR 搅拌车尺寸确定。采用人工饲喂的，中间通道宽 1.2m～1.8m；应用自走式 TMR 搅拌车饲喂的，中间通道宽 4m～4.5 m。

4.1.2 料槽

采用平面式料槽，底面光滑、耐用、无死角，便于清扫。

4.2 设备

4.2.1 设备类型

TMR 搅拌车按搅拌的方向分为立式和卧式；按移动方式分为固定式、牵引式、自走式。

4.2.2 设备选择

TMR 搅拌车应根据牛舍结构、饲养规模、资金状况、日粮组成等具体情况确定。外形、尺寸应根据牧场的牛舍通道、门的大小确定；容量应根据牧场的牛群数量、装料次数、日粮种类、工作时间和喂牛次数确定，可按"每 70 头牛 1m³"的标准估算：存栏 500 头以下选择 5m³～7m³，700 头～1 000头选择 8 m³～12 m³，1 500 头以上选择 16 m³～25 m³ 的设备。

5 肉牛分群

根据肉牛的年龄、体重、体况合理分群饲养，分群不能过于频繁。繁殖母牛场可分为犊牛群（断奶至 6 月龄）、育成牛群（7 月至初次分娩）、成年牛群。育肥场可分为犊牛群、育成牛群、育肥牛群。每群以 20 头～30 头为宜，若体况差异太大，需调整到相邻的高营养或低营养 TMR 组牛群。

6 TMR 的配制

6.1 日粮营养水平

参照 NY/T 815 的规定执行。

6.2 水分控制

定期检查饲料的水分，TMR 水分含量以 45％～50％为宜，含水量不足时可加水调整；按照饲喂季节和投喂次数控制水分，一般夏季水分偏上限，冬季水分偏下限，一日多次投喂水分可偏上限，一日 1 次投喂水分偏下限。水质应符合 NY 5027 的要求。

6.3 日粮的配合与加工

6.3.1 投料量

根据投喂次数确定每次投入 TMR 搅拌车的各种饲料量，并严格按日粮配方称量饲料原料，误差要求控制在±1％以内。饲料应符合 NY 5032 的要求。

6.3.2 投料顺序

制作全混合日粮的饲料原料要多样化，投料顺序应根据搅拌车类型和性能、饲料的类型、供应商推荐的程序来确定。一般遵循先干后湿、先精后粗、先轻后重的原则，饲料添加顺序为：干草→精料→颗粒粕类→青贮、多汁类饲料→湿糟类→液体饲料或加水等。采用立式饲料搅拌车，则精料和干草添加顺序应颠倒。在饲料添加过程中，应防止铁器、石块、包装绳等杂质混入搅拌车。

6.3.3 搅拌装载量

搅拌装载量占总容积的 70％～80％。

6.3.4 搅拌时间

一般情况下，加完最后一种原料后应再搅拌 5 min～8 min，确保搅拌后 TMR 中至少有 15％的粗饲料长度大于 3.5cm。

6.3.5 质量外观评价

精饲料、粗饲料混合均匀，柔软松散，色泽均匀，新鲜不发热，无异味，无杂物，不结块。

7 饲喂管理

7.1 投喂次数

根据生产情况，每日饲喂1次～3次，冬季每天可投料1次，夏季每日投料2次以上。2次投料间隔内要推料2次～3次。

7.2 投喂方法

7.2.1 人工饲喂

将加工好的TMR转运至牛舍，由人工饲喂，应减少转运次数。

7.2.2 机械投喂

应控制车行速度、放料速度，保证整个饲槽的饲料投放均匀，保证肉牛每日至少有21h能吃到饲料。

7.3 投料时间

夏季应减少中午投料量，增加早上和晚上的投料量；其他季节均衡投料。

7.4 槽内剩料

每日观察肉牛的采食和剩料量，剩料量以占日粮的5%左右为宜，防止剩料过多或缺料。及时清扫饲槽，避免剩料发热、发霉。

7.5 饲槽观察

采食前后的TMR在料槽中应基本一致，饲料不应分层，其中粗饲料与精料的料底外观和组成应与采食前相近。每日保持饲料新鲜，不得有发热、发霉的饲料。空槽时间每日不应超过3h。

———————————

ICS 65.020.30
B 43
备案号：43109—2014

DB50

重 庆 市 地 方 标 准

DB50/T 556—2014

肉用育成母牛饲养管理技术规程

2014-06-25 发布

2014-08-01 实施

重庆市质量技术监督局 发布

前　言

本文件按照 GB/T 1.1—2009《标准化工作导则　第 1 部分：标准的结构和编写》的规定起草。

本文件由重庆市农业委员会提出并归口。

本文件起草单位：西南大学、重庆市畜牧科学院、丰都县畜牧兽医局。

本文件主要起草人：左福元、王玲、邰秀林、朱智、曾兵、付树滨、黄德均、雷培奎。

肉用育成母牛饲养管理技术规程

1 范围

本文件规定了肉用育成母牛饲养管理的术语和定义、育成母牛的饲养和管理。

本文件适用于肉用育成母牛饲养的养殖场（户）。

2 规范性引用文件

下列文件对于本文件的应用是必不可少的。凡是注日期的引用文件，仅注日期的版本适用于本文件。凡是不注日期的引用文件，其最新版本（包括所有的修改单）适用于本文件。

NY/T 815　肉牛饲养标准

NY 5027　无公害食品　畜禽饮用水水质

NY 5030　无公害食品　畜禽饲养兽药使用准则

NY 5032　无公害食品　畜禽饲料和饲料添加剂使用准则

NY/T 5128　无公害食品　肉牛饲养管理准则

NY 5126　无公害食品　肉牛饲养兽医防疫准则

3 术语和定义

下列术语和定义适用于本文件。

3.1

育成母牛　heifer

7月龄到初次分娩的母牛。

3.2

日粮　ration

1头牛一昼夜（24h）内采食的各种饲料之总和。

3.3

精料补充料　concentrate supplement

俗称精料，指为了给以粗饲料、青饲料、青贮饲料为基础饲料的肉牛补充营养，用多种饲料原料按一定比例配制的饲料。

3.4

粗饲料　roughage

干物质中粗纤维含量等于或高于18％，天然水分含量在60％以下的饲料。常见的有干草类饲料、作物秸秆等。

4 育成母牛的饲养

4.1 一般要求

育成母牛的饲料应以优质青粗饲料和青贮料为主，各阶段均保持中等体况。可采用放牧或舍饲的方式饲养育成母牛，饲料应符合 NY 5032 的要求，日粮配合按照 NY/T 815 执行，饲养管理应符合 NY/T 5128 的要求。

4.2 育成前期

根据育成母牛的生长发育规律及生理变化特点，7月龄至1周岁为育成母牛的育成前期。育成母牛在育成前期的日增重以0.4kg～0.8kg为宜，当地母牛1周岁体重达到200kg，杂交母牛1周岁体重达到250kg～300kg。舍饲饲养以优质干草和青饲料为主，精料补充料占日粮干物质量的25%～30%。在放牧条件下，回舍后要补饲粗饲料及精料补充料，粗饲料补饲量根据草地情况而定，以满足牛的采食需要，精料补充料为每日每头1kg～1.5kg。

4.3 育成中期

1周岁至初次配种为育成母牛的育成中期。育成母牛在育成中期的日增重以0.6kg左右为宜，当地母牛16月龄～18月龄体重达到260kg～300kg，杂交母牛16月龄～18月龄体重达到300kg～350kg。舍饲饲养以青粗饲料为主，精料补充料占日粮干物质量的20%～25%。在放牧条件下，回舍后要补饲粗饲料及精料补充料，粗饲料补饲量根据草地情况而定，以满足牛的采食需要，精料补充料为每头每日0.5kg～1kg。

4.4 育成后期

配种至初次分娩（初次妊娠期）为育成母牛的育成后期，包括妊娠前期（妊娠后6个月～7个月）、妊娠后期（妊娠最后2个月～3个月），保持母牛中等体况。舍饲饲养以优质干草、青草或青贮饲料为主，对没有达到中等体况的母牛，每头每日补喂精料补充料0.5kg～1kg；对处于妊娠后期的母牛适当减少粗饲料喂量，每头每日补喂精料补充料2kg～3kg。在放牧条件下，根据草地情况补饲粗饲料及精料补充料，为处于妊娠后期的母牛每日每头补饲精料补充料1kg～1.5kg。

5 育成母牛的管理

5.1 分群

按性别、年龄、体重合理分群，公、母分群，群内个体月龄差异不超过2个月，体重差异不超过30kg。

5.2 运动

舍饲育成母牛每日运动不少于3h，以自由运动为宜，放牧牛一般能保证其运动量，应公、母分群放牧。

5.3 刷拭

每日刷拭牛体1次～2次。

5.4 饮水

放牧地应设置饮水点，保证充足、清洁的饮水，水质符合NY 5027的要求。

5.5 防疫

按照《中华人民共和国动物防疫法》及NY 5126的规定防疫。

5.6 初次配种

育成母牛在16月龄～18月龄、体重达到成年体重的70%时即可初次配种，即当地母牛体重达到260kg～300kg，杂交母牛体重达到300kg～350kg。应仔细观察母牛发情表现并记录，及时配种。

5.7 防止流产

不鞭打妊娠母牛，防止妊娠母牛间的挤撞、滑倒；若役用，应减少使役时间，降低使役强度，避免过度使役。

5.8 接产及助产准备

分娩前2周转入产房，注意观察母牛分娩征兆，做好接产及助产准备。

ICS 65.020.30
B 43
备案号：43110—2014

DB50

重 庆 市 地 方 标 准

DB50/T 557—2014

肉用繁殖母牛饲养管理技术规程

2014-06-25 发布

2014-08-01 实施

重庆市质量技术监督局 发布

前　言

本文件按照 GB/T 1.1—2009《标准化工作导则　第 1 部分：标准的结构和编写》的规定起草。

本文件由重庆市农业委员会提出并归口。

本文件起草单位：西南大学、重庆市畜牧科学院、丰都县畜牧兽医局。

本文件主要起草人：左福元、王玲、邰秀林、朱智、曾兵、付树滨、黄德均、雷培奎。

肉用繁殖母牛饲养管理技术规程

1 范围

本文件规定了肉用繁殖母牛饲养管理技术规范的术语和定义，妊娠母牛的饲养管理、围产期母牛的饲养管理及哺乳母牛的饲养管理。

本文件适用于肉用繁殖母牛养殖场（户）。

2 规范性引用文件

下列文件对于本文件的应用是必不可少的。凡是注日期的引用文件，仅注日期的版本适用于本文件。凡是不注日期的引用文件，其最新版本（包括所有的修改单）适用于本文件。

NY/T 815 肉牛饲养标准

NY/T 1339 肉牛育肥良好管理规范

NY 5027 无公害食品 畜禽饮用水水质

NY 5030 无公害食品 畜禽饲养兽药使用准则

NY 5032 无公害食品 畜禽饲料和饲料添加剂使用准则

NY/T 5128 无公害食品 肉牛饲养管理准则

NY 5126 无公害食品 肉牛饲养兽医防疫准则

3 术语和定义

下列术语和定义适用于本文件。

3.1

繁殖母牛 cow

初次分娩后，具备繁殖能力的母牛，按是否妊娠分为妊娠母牛、空怀母牛。

3.2

日粮 ration

1头牛一昼夜（24h）内采食的各种饲料之总和。

3.3

精料补充料 concentrate supplement

俗称精料，指为了给以粗饲料、青饲料、青贮饲料为基础饲料的肉牛补充营养，用多种饲料原料按一定比例配制的饲料。

3.4

粗饲料 roughage

干物质中粗纤维含量等于或高于18%，天然水分含量在60%以下的饲料。常见的有干草类饲料、作物秸秆等。

4 妊娠母牛的饲养管理

4.1 一般要求

可采用放牧或舍饲的方式饲养妊娠母牛。饲料应符合NY 5032的要求，严禁使用霉烂变质饲料、冰冻饲料，日粮配合应按照NY/T 815执行，饲养管理应符合NY/T 5128的要求。

4.2 妊娠母牛的饲养

4.2.1 妊娠前期的饲养

根据妊娠母牛的妊娠时间，将配种至妊娠的 6 个月～7 个月称为妊娠前期。舍饲饲养以优质干草、青草、青贮饲料为主，搭配精料补充料 0.5kg～1.0kg，每日饲喂 2 次～3 次。妊娠前期棉籽饼用量不超过精料补充料的 10％，菜籽饼用量不超过精料补充料的 8％，鲜酒糟日喂量不超过 8kg。放牧饲养应根据草地情况补饲粗饲料、精料补充料。

4.2.2 妊娠后期的饲养

母牛妊娠的最后 2 个月～3 个月被称为妊娠后期。舍饲饲养以青粗饲料为主，精料补充料的饲喂量应根据母牛的体况和粗饲料的品质确定，每头每日饲喂 1.5kg～2.0kg 精料补充料。妊娠后期不应饲喂棉籽饼、菜籽饼、酒糟。放牧饲养应重点补饲精料补充料；枯草季节应补饲胡萝卜，每头每日 0.5kg～1.0kg，同时补充矿物质、食盐。

4.3 妊娠母牛的管理

4.3.1 防止流产

防止妊娠母牛间的相互挤撞，不鞭打、驱赶母牛，不使役，雨天不放牧或运动。

4.3.2 饮水

放牧地应设置饮水点，保证充足、清洁的饮水，水质应符合 NY 5027 的要求，冬季水温不低于 10℃。

4.3.3 刷拭

每日刷拭牛体 1 次～2 次。

4.3.4 运动与放牧

舍饲妊娠母牛每日运动 2h 左右。放牧饲养的妊娠母牛，放牧地离牛舍不超过 3 000 m，分娩前 15d 的母牛停止放牧。

4.3.5 接产准备

分娩前 1 个月内应注意观察母牛是否出现乳房膨大、外阴部肿胀等分娩征兆，有分娩征兆的母牛应进入产房，做好接产准备。

5 围产期母牛的饲养管理

5.1 一般要求

母牛分娩前后各 15d 为围产期，围产期母牛宜采用舍饲方式饲养。饲料应符合 NY 5032 的要求，日粮配合应参照 NY/T 815 执行，饲养管理应符合 NY/T 5128 的要求。

5.2 围产期的饲养

5.2.1 围产前期的饲养

分娩前 15d 为围产前期。围产前期母牛以饲喂优质干草为主，精料补充料喂量不超过体重的 1％；产前乳房水肿严重的母牛，宜减少精料补充料的喂量。产前 2d～3d，精料补充料中麸皮的用量增加 50％～70％，宜将精料补充料调成粥状饲喂。采用低盐、低钙日粮，食盐的用量减低至精料补充料的 0.5％以下，钙含量降低至日粮干物质量的 0.2％。

5.2.2 围产后期的饲养

分娩后 15d 为围产后期。分娩后宜立即给母牛喂温热的益母草红糖水，0.25kg 益母草在 15kg～20kg 水中煮沸，加入麸皮 1kg～2kg、食盐 0.05kg～0.1kg、碳酸钙 0.05kg～0.1kg、红糖 0.5kg～1kg，可连服 2d～3d，每日 1 次。母牛产后饲喂以优质干草为主，控制精料补充料喂量，钙含量调整至日粮干物质量的 0.6％～0.7％；产后 3d～5d 的母牛，若食欲良好、健康、粪便正常，可每日每头增加精料补充料喂量 0.5kg，同时每日每头增加青贮料喂量 1kg～2kg，每日精料补充料最大喂量不超过体重的 1.5％。一般产后 7d～10d 的母牛可恢复至饲养标准饲喂。

5.3 围产期的管理

5.3.1 产房准备

分娩前应将产房打扫干净，用2%火碱水泼洒消毒，铺垫清洁、卫生的垫草。保持产房清洁、干燥、安静，产房要备有消毒药品、毛巾和接生用器具等。

5.3.2 接产

母牛表现出精神不安，停止采食，起卧不定，后驱摆动，频频排尿、回头、鸣叫等临产征兆时，用0.1%高锰酸钾液擦洗后驱，应使母牛左侧躺卧或站立分娩。若发现异常，应请兽医助产。

5.3.3 产后护理

分娩后应随即驱赶母牛站起，及时更换垫草，观察胎衣排出情况。胎衣排出后用1%～2%的来苏儿溶液对母牛外阴进行清洗、消毒。

5.3.4 乳房护理

分娩后乳房水肿严重的母牛，每天用热毛巾热敷、按摩乳房1次～2次，每次5min～10min；适当控制饮水量。

5.3.5 饮水

母牛产后7d内应饮37℃的温水，1周后饮常温水，水质应符合NY 5027的要求。

5.3.6 资料记录

建立繁殖母牛的生产记录档案，记录要及时、准确、完整。

6 哺乳母牛的饲养管理

6.1 一般要求

分娩后前3个月为哺乳母牛的哺乳前期，分娩后3个月至断奶为哺乳母牛的哺乳后期。可采用放牧或舍饲的方式饲养哺乳母牛。饲料应符合NY 5032的要求，严禁使用霉烂变质饲料、冰冻饲料，日粮配合应按照NY/T 815执行，饲养管理应符合NY/T 5128的要求。

6.2 哺乳母牛的饲养

6.2.1 哺乳前期

舍饲哺乳母牛应饲喂优质青绿、多汁饲料，增加精料补充料的喂量，精料补充料占日粮干物质量的40%～50%。放牧饲养的哺乳母牛，每日每头补饲精料补充料不低于2kg，早春时还需补饲秸秆、青贮等粗饲料，保证矿物质、微量元素和维生素的供给。

6.2.2 哺乳后期

日粮以粗饲料为主，根据母牛的体况和粗饲料情况确定精料补充料喂量，每日每头补喂精料补充料1kg～2kg，并补充矿物质及维生素。放牧饲养的母牛，主要补充食盐、钙、磷及微量元素。

6.3 哺乳母牛的管理

6.3.1 产后配种

做好母牛的产后发情观察，做好发情记录，保证母牛及时配种、怀孕。

6.3.2 饮水

放牧地应设置饮水点，每日保证充足、清洁的饮水，水质应符合NY 5027的要求，冬季饮温水。

6.3.3 运动

舍饲哺乳母牛每日运动时间不少于3h，以自由运动为宜。放牧的牛一般能保证其运动量，应公、母分群放牧。

6.3.4 刷拭

每日刷拭牛体1次～2次。

6.3.5 防疫

按照《中华人民共和国动物防疫法》及 NY 5126 的规定防疫。

ICS 65.020.30
B 43
备案号：49966—2016

DB50

重 庆 市 地 方 标 准

DB50/T 668—2016

奶牛抗热应激饲养管理技术规范

2016-07-01 发布

2016-09-01 实施

重 庆 市 质 量 技 术 监 督 局　发布

前　言

本文件按照 GB/T 1.1—2009《标准化工作导则　第 1 部分：标准的结构和编写》的规定起草。

本文件由重庆市农业委员会提出并归口。

本文件起草单位：重庆市畜牧技术推广总站。

本文件主要起草人：凌虹、李发玉、景开旺、张璐璐、石海桥、朱燕。

奶牛抗热应激饲养管理技术规范

1 范围

本文件规定了奶牛抗热应激饲养管理的术语和定义，饲料营养、饲养管理和环境控制的技术要求。

本文件适用于重庆市湿热地区奶牛养殖场（户）。

2 规范性引用文件

下列文件对于本文件的应用是必不可少的。凡是注日期的引用文件，仅注日期的版本适用于本文件。凡是不注日期的引用文件，其最新版本（包括所有的修改单）适用于本文件。

GB 13078　饲料卫生标准

GB 16568　奶牛场卫生规范

NY/T 388　畜禽场环境质量标准

NY 5027　无公害食品　畜禽饮用水水质

NY/T 5049　无公害食品　奶牛饲养管理准则

3 术语和定义

下列术语和定义适用于本文件。

3.1

温湿度指数　temperature-humidity index（THI）

温湿度指数又称不适指数。是将气温和气湿结合用于判断炎热程度的一个综合指标。被引入并广泛应用于衡量奶牛热应激程度。其计算公式见附录 A。

3.2

热应激　heat stress

主要由高温、高湿引起的机体非特异性应答反应。奶牛采食量减少，呼吸、心跳加速；口流黏液，舌头外伸；严重时致死亡。

3.3

过瘤胃脂肪　rumen bypass fat

在瘤胃液中不易分解，通过瘤胃而不影响瘤胃微生物菌群，在真胃和十二指肠中通过化学反应和酶的作用变成可吸收的形式，最终被小肠吸收的一类脂肪。

3.4

过瘤胃蛋白　rumen bypass protein

饲料中的粗蛋白质由降解蛋白质和非降解蛋白质组成，过瘤胃蛋白即在瘤胃中不被瘤胃微生物分解，通过第三和第四胃之后，在小肠中被分解和消化的非降解蛋白质。

3.5

瘤胃缓冲剂　rumen buffers

可调节瘤胃内环境 pH，使其达到中性，改善瘤胃微生物生存的理化环境。包括豆科牧草、碳酸氢钠、碳酸氢钾、磷酸盐、非蛋白氮、碳酸钙、氢氧化钙、氧化镁、乳清、膨润土等。

4 饲料营养

饲料营养应符合 NY/T 5049 的要求，饲料卫生应符合 GB 13078 的要求。

4.1 日粮结构

日粮中精饲料所占比例≤60%，适当减少粗饲料的喂量，提供优质粗饲料，以增加易消化的中性洗涤纤维（NDF），减少酸性洗涤纤维（ADF）。中性洗涤纤维（NDF）含量在25%～28%为宜，酸性洗涤纤维（ADF）含量在18%～19%为宜。

4.2 营养成分

4.2.1 脂肪

减少日粮总脂肪，总脂肪占比≤8%，以3%～5%为宜，增喂少量过瘤胃脂肪。

4.2.2 蛋白质

增加日粮粗蛋白质含量，提高1个～2个百分点，增喂少量过瘤胃蛋白。

4.2.3 矿物质

增加矿物元素喂量，日粮中的矿物元素占比分别为钾1.5%、钠0.5%、镁0.3%、氯0.35%。

4.2.4 维生素

增加维生素喂量，添加正常量2倍的维生素A、正常量3倍～5倍的维生素E。添加占日粮干物质0.04%～0.06%的维生素C。每kg日粮干物质添加200mg～400mg烟酸。

4.2.5 添加剂

在日粮中为每头牛添加小苏打150g～300g、氯化镁7g～10g等瘤胃缓冲剂。添加复合酶制剂、瘤胃素、酵母培养物等抗热应激补充料和常用的防暑降温药剂。

5 饲养管理

饲养管理应符合NY/T 5049的要求。

5.1 饲喂

5.1.1 饲喂全混合日粮，日粮水分为50%～55%。

5.1.2 投料时间主要是早、晚和刚挤完奶时，适当增加投料次数。中午喂料量≤20%。粗料主要在夜间喂食；投料量占日粮总量的一半以上。

5.1.3 多喂优质青绿多汁饲料。

5.2 饮水

饮用水水质应符合NY 5027的要求。保证充足饮水，在牛舍、运动场、待挤厅、返回通道等处设置开放式饮水设施，24小时供水，宜提供清凉饮水。每周清洗2次饮水槽。

5.3 运动

运动时间调整到早上和晚上。

5.4 密度

调减饲养密度，圈舍减少1/3的饲养量。

5.5 通风

打开门窗，增加空气对流，根据气温变化调整排风扇的开启时间。

5.6 降温

72<THI≤79，奶牛处于温和热应激状态下时，使用排风扇降温。80≤THI≤98，奶牛处于中等热应激和严重热应激状态下时，从早晨5点到凌晨1点交替使用排风扇和喷淋或喷雾降温；牛舍相对湿度过高，达到80%以上时，减少喷淋次数，缩短喷淋时间，增加排风扇使用时间和次数。THI>98，奶牛处于致死热应激状态下时，不仅要采取降温措施，还应配合药物对症治疗。

5.7 刷拭

增加牛体刷拭次数；使用喷淋或喷雾降温后刷拭牛体。

5.8 产犊

合理安排配种时间，控制产犊季节，避免在高温季节产犊。干乳期集中在夏末秋初。

6 环境控制

牛场和牛舍环境应达到 NY/T 388 的要求。

6.1 牛舍

6.1.1 根据当地气象环境条件，科学设计牛舍。

6.1.2 牛舍屋顶选用保温隔热材料，檐高 4.0 m～5.5 m，梁高 5.5 m～6.5 m，屋顶坡度≤25°，钟楼距屋顶 80cm～100cm。

6.2 设备

6.2.1 在牛舍内安装排风扇、风机、喷淋及喷雾设施。

6.2.2 在运动场上方搭建凉棚，高 3.0m～3.5 m，面积按每头牛 5m² 设计。在牛舍西面搭建活动遮阳网。

6.3 绿化

在牛场内、牛舍周围种植阔叶树木遮阴，美化环境，净化空气。每个功能区之间设绿化隔离带。全场绿化覆盖率≥30％。

6.4 消毒

6.4.1 牛场卫生应符合 GB 16568 的要求。

6.4.2 定期对牛舍及周围环境消毒、灭蝇。产房、犊牛舍每天 1 次，其他牛舍每周 1 次。

附 录 A
温湿度指数的计算公式

温湿度指数（THI）用 I 表示，通过干湿球温度计测出环境温度和相对湿度，用以下公式计算：

$$I=0.72（T_d＋T_w）＋40.6$$

式中：

T_d——湿球温度读数（℃）；

T_w——干球温度读数（℃）。

ICS 65.020.30
CCS B 43

DB50

重 庆 市 地 方 标 准

DB50/T 1102—2021

架子牛调运技术规范

2021-04-15 发布   2021-07-15 实施

重庆市市场监督管理局 发布

前　言

　　本文件按照 GB/T 1.1—2020《标准化工作导则　第 1 部分：标准化文件的结构和起草规则》的规定起草。

　　本文件的某些内容可能涉及专利。本文件的发布机构不承担识别专利的责任。

　　本文件由重庆市农业农村委员会提出并归口。

　　本文件起草单位：重庆市畜牧技术推广总站、丰都县畜牧技术推广站、彭水苗族土家族自治县畜牧技术推广站、重庆恒都农业集团有限公司。

　　本文件主要起草人：张科、贺德华、康雷、陈红跃、李发玉、李晓波、张璐璐、朱燕、袁昌定、高敏、蒋林峰、石海桥、蒋林、邓小龙、朱刚泉。

架子牛调运技术规范

1 范围

本文件规定了架子牛调运的术语和定义，牛源调运地调查与选择，购牛前的准备，车辆及运输要求，运输前、运输途中、运达后的管理等要求。

本文件适用于架子牛的调运。

2 规范性引用文件

下列文件中的内容通过文中的规范性引用而构成本文件必不可少的条款。其中，注日期的引用文件，仅该日期对应的版本适用于本文件；不注日期的引用文件，其最新版本（包括所有的修改单）适用于本文件。

GB 13078　饲料卫生标准

NY/T 2843—2015　动物及动物产品运输兽医卫生规范

NY/T 3075—2017　畜禽养殖场消毒技术

NY 5027　无公害食品　畜禽饮用水水质

NY 5032　无公害食品　畜禽饲料和饲料添加剂使用准则

NY 5126　无公害食品　肉牛饲养兽医防疫准则

NY/T 5128　无公害食品　肉牛饲养管理准则

3 术语和定义

下列术语和定义适用于本文件。

3.1

架子牛　feeder cattle

年龄在断奶至 2 周岁之间或体重在 200kg～400kg，未经育肥或未达屠宰体重的用于育肥饲养的肉牛。

3.2

隔离牛舍　isolated cattle house

对新调入的或疑似患病的牛进行隔离观察的圈舍。

4 牛源调运地调查与选择

4.1 牛源调运地调查

4.1.1　详细了解牛源地的品种、品质和疫病等情况，产地环境符合相关规定。

4.1.2　详细了解牛源调出地与调入地的气候条件。

4.1.3　宜选择运距适中、品种优良、管理规范的牛场。

4.2 牛源选择

4.2.1　宜选择杂交品种、培育品种或地方品种。

4.2.2　宜选择断奶牛和青年牛。

4.2.3　宜选择体型紧凑、体格健壮、结构匀称、嘴大舌尖、眼大有神、胸宽体深、管围粗壮、牛蹄圆大、尾巴有力、营养良好、毛色光亮、无缺陷和无伤疤的牛。

4.2.4　选择牛源时应做到眼看、手摸、手牵，看外表、体型、营养、精神状况等。

5 购牛前的准备

5.1.1 购牛前宜准备隔离牛舍及辅助设施。隔离牛舍宜位于场区下风向或地势较低处。

5.1.2 做好牛舍内牛床、颈夹、拴绳、饲槽（水槽）、过道、粪沟等内部设施设备的检修、清洁和消毒工作，清洁和消毒应符合 NY/T 3075—2017 中 5.5 的要求。

5.1.3 牛舍在冬季宜做好干燥保温工作，夏季宜做好通风降温工作。

5.1.4 准备充足的饲草料。

5.1.5 饮水水质符合 NY 5027 的要求。

6 车辆及运输要求

6.1 车辆要求

6.1.1 宜选择专业运牛车辆，结合自身场地位置、道路情况、调运数量来确定运输车辆的大小。

6.1.2 提前按照 NY/T 2843—2015 中 6.1.5 的要求，做好车辆清洗和消毒工作，空置干燥 12h 以上待用。

6.1.3 车辆宜加装侧棚或顶棚，车辆护栏高度不低于 1.6m。

6.1.4 在车厢底部铺垫料或垫草，厚度为 20cm～30cm。

6.2 装运要求

6.2.1 牛源调出地至调入地的道路宜选择安全、畅通的运输路线，两地之间的运输时间不宜超过 2d。

6.2.2 装车密度以牛的大小而定，每头牛不宜低于 1.5m²，并执行 NY/T 2843—2015 中 5.1 的有关规定。

6.2.3 宜用专业装牛台将牛缓慢赶入车厢，切忌鞭打，防止挤伤、跌伤。

6.2.4 牛进入车厢后，宜进行分栏固定，用绳栓系防止躺下。

7 运输前的管理

7.1 人员及物资

7.1.1 宜安排经验丰富的购牛人员、兽医及押运员。

7.1.2 在运输车辆上宜配备便携式食槽、水桶、水管、麻绳、手电筒、青干草和常用药物等，12h 以内的短途运输可不配备。

7.2 检疫

7.2.1 运输前应取得检疫证明；抵达目的地后应隔离观察。

7.2.2 在申报检疫前，宜在采购地暂养观察 3d～5d。

7.3 起运要求

7.3.1 起运前 4d～3d 饲草料饲喂呈半饱状况。

7.3.2 运前 3d～2d，每头牛每日口服或注射维生素 C 25 万 IU～100 万 IU。

7.3.3 起运前 2h，每头牛宜饮服 1 000mL 左右的电解质平衡盐溶液或多维溶液。

8 运输途中的管理

8.1 调运时间

8.1.1 宜选择气温适宜的春、秋两季，夏季宜选择早晚，冬季宜选择白天。

8.1.2 遇大雨、大雪或自然灾害等情况，宜停运。

8.2 车速

8.2.1 车辆起动、行驶、停放要平稳，转弯和停车前均先减速，以防牛滑倒、挤伤或出现突发情况。

8.2.2 符合交通规定且匀速行驶，高速公路车速不宜超过 70km/h。

8.3 途中检查

8.3.1 运输途中每隔 2h～3h 应检查 1 次牛群状况，及时扶起卧躺的牛，防止踩伤；合理调节车厢前后篷布风口大小，保障牛夏不中暑，秋冬不受寒。

8.3.2 出现滑倒扭伤、前胃迟缓等，应立即对症用药，控制病情发展，到达目的地后及时治疗。

8.3.3 途中宜做好车厢查看工作，若牛头或牛腿伸出车厢，应及时停车处理。

8.4 补料和饮水

8.4.1 12h 以内的短途运输不宜饲喂青干草和饮水。

8.4.2 每超过 12h 补料补水 1 次，每头牛饲喂优质草料不超过 3kg，饮水不超过 5L。

8.4.3 宜在饮水中添加补液盐，符合 NY 5032 的要求。

9 运达后的管理

9.1 卸车

9.1.1 到达目的地后，宜使用卸牛台让牛自行缓慢走下车或以饲草诱导牛下车，切忌粗暴赶打。

9.1.2 不宜在水塘或污水沟附近卸牛，避免损伤或生病。

9.1.3 宜一次性完成卸车，核对牛数量。

9.2 隔离观察

9.2.1 架子牛运抵后应在隔离舍隔离观察，隔离消毒措施应符合 NY 5126 的要求。

9.2.2 观察牛采食、反刍、粪尿、精神状态等。

9.2.3 若出现异常情况或疫病，驻场兽医应及时处理。

9.2.4 隔离观察期间，应做好生产、饲养、消毒、发病、诊疗、免疫、监测、死亡和无害化处理等有关记录，建立生产档案。

9.2.5 在观察期间发现可疑重大疫情时，应采取限制移动、消毒等先期处置措施，并立即向当地兽医部门报告。

9.3 饮水

9.3.1 牛进场后不可立即大量饮水。

9.3.2 进场 1h～2h 后，可第一次饮水，每头牛饮水量不宜超过 5L，可添加适量食盐。

9.3.3 第二次饮水宜在第一次饮水后的 3h～4h，饮水量可按每头牛 5L～10L，可添加适量麸皮。

9.4 喂料

9.4.1 粗饲料

9.4.1.1 饮水后可适度饲喂优质青草，第 1d 喂料宜限量饲喂，每头牛喂量为 2kg～5kg；第 2d～4d 可逐渐添加喂量，每头牛每天 5kg～8kg；5d～6d 后可自由采食。

9.4.1.2 1 周后可增喂少量青贮饲料，过渡期不宜少于 10d，喂料应符合 NY/T 5128 的要求。

9.4.2 精饲料

9.4.2.1 精饲料饲喂宜根据牛运输时间、体况恢复程度而定。

9.4.2.2 运抵后第 4 天可适度饲喂精饲料，精料喂量由少到多，逐渐添加至正常喂量。

9.4.2.3 从未补饲过精饲料的牛，抵达场 15d 以内精料喂量不可超过 1.5kg，15d 后可根据育肥目标逐渐增加，喂料应符合 GB 13078 的要求。

9.5 分群饲养

9.5.1 隔离期满后，按照牛的体重大小和体况强弱分群饲养，围栏应干燥，分群前围栏内铺垫草，每头牛占地面积不宜低于 5m²。

9.5.2 宜在傍晚分群，分群结束当天应有专人值班观察，发现格斗应及时处理。

9.6 驱虫

9.6.1 牛在进场后第 5 天～6 天可进行体内外驱虫。

9.6.2 驱虫可每间隔 60d～90d 进行 1 次。

9.7 防疫

9.7.1 牛确认无病后，宜根据当地疫病流行情况防疫，育肥前要注射疫苗。

9.7.2 隔离牛并群后，宜对隔离牛舍进行彻底消毒处理。

9.8 病死牛无害化处理

病死牛无害化处理按照农医发〔2017〕25 号规定执行。

ICS 65.020.30
CCS B 43

DB50

重 庆 市 地 方 标 准

DB50/T 1150—2021

肉牛家庭农场建设技术规范

2021-11-01 发布
2022-02-01 实施

重庆市市场监督管理局　发布

前　言

本文件按照GB/T 1.1—2020《标准化工作导则　第1部分：标准化文件的结构和起草规则》的规定起草。

请注意本文件的某些内容可能涉及专利。本文件的发布机构不承担识别专利的责任。

本文件由重庆市农业农村委员会提出并归口。

本文件起草单位：重庆市畜牧技术推广总站、彭水苗族土家族自治县畜牧发展中心、石柱土家族自治县畜牧产业发展中心、重庆市渝北职业教育中心、重庆市万盛经济技术开发区畜牧水产站、重庆市綦江区畜牧站。

本文件主要起草人：朱燕、贺德华、陈红跃、张科、何道领、李发玉、李晓波、邓小龙、廖洪荣、刘铁、张文元、许李丽、蒋林峰、刘羽、张璐璐、尹权为、袁昌定、高敏。

肉牛家庭农场建设技术规范

1 范围

本文件规定了肉牛家庭农场建设的术语和定义，选址与建场条件、场区规划与布局、牛舍建筑与设施设备、牛源选择等方面的技术规范。

本文件适用于年出栏肉牛不低于50头的家庭农场。

2 规范性引用文件

下列文件中的内容通过文中的规范性引用而构成本文件必不可少的条款。其中，注日期的引用文件，仅该日期对应的版本适用于本文件；不注日期的引用文件，其最新版本（包括所有的修改单）适用于本文件。

GB 5749　生活饮用水卫生标准

GB 15618　土壤环境质量　农用地土壤污染风险管控标准（试行）

GB 18596　畜禽养殖业污染物排放标准

GB 50052　供配电系统设计规范

NY/T 388　畜禽场环境质量标准

3 术语和定义

下列术语和定义适用于本文件。

3.1

家庭农场　family farm

以家庭成员为主要劳动力，从事农业规模化、集约化、商品化生产经营，并以农业为主要收入来源的新型农业经营主体。

3.2

净道　non-pollution road

饲养员行走、牛群周转、场内运送饲草饲料、兽药等投入品的专用通道。

3.3

污道　pollution road

上市牛、淘汰牛、病死牛及粪污和牛床垫料出场的通道。

3.4

牛场废弃物　cattle farm waste

主要包括牛粪、尿、冲洗水、牛床垫料，过期兽药、残余疫苗及疫苗瓶、输液瓶、针管等一次性医疗废弃物等。

4 选址与建场条件

4.1 选址

4.1.1 牛场宜选在地势高燥、平坦开阔、向阳通风和排水良好的地方，1km半径内无大型化工厂、采矿厂、皮革厂、垃圾处理场、屠宰场、畜禽及其产品交易市场，地质稳固，避开地质灾害危险区域。

4.1.2 距离干线公路、铁路、城镇、居民区和公共场所及养殖场500m以上的适宜养殖区。

4.1.3 选址条件和卫生防疫应符合 NY/T 388 的要求。

4.2 建场条件

4.2.1 水源

水源充足，取用方便，能满足牛场生产、生活用水。生活用水水质应符合 GB 5749 的要求。

4.2.2 电力

根据牛场设备需要，确保电力充足，供配电系统设计应符合 GB 50052 的要求。

4.2.3 地质

场地土质透水性强，吸湿性好，以沙壤土、沙土为宜，土壤环境质量应符合 GB 15618 的要求。

4.2.4 交通

交通便利。

5 场区规划与布局

5.1 规划原则

在科学实用、节约土地、满足当前生产需要的同时，综合考虑将来扩建和改造的可能性。功能区界限分明，并有防疫隔离带或墙。

5.2 牛场布局

5.2.1 生活管理区

位于牛场最高处、上风向，包括生活和生产管理等建筑物。

5.2.2 生产区

5.2.2.1 位于生活管理区与隔离区之间，在此区域设立场区入口消毒室、消毒池。

5.2.2.2 根据牛场生产实际和不同牛群特点，分类别建设牛舍，舍内应有相应的采食、饮水、通风、降温和保暖等设施设备。各牛舍之间宜保持不低于 5m 的距离，布局整齐，满足防疫和防火要求。

5.2.2.3 能繁母牛舍应设在牛场的上风向或偏风向，育肥牛舍应设在下风向，离装（卸）牛台较近。

5.2.2.4 场区道路硬化，场区内设净道和污道，净道和污道不能交叉。

5.2.3 生产辅助区

包括饲料加工区、饲料贮藏区、草料库、青贮池、变配电室、维修间等，注意防火、防雨。

5.2.4 隔离区

位于场区下风向或侧风向地势较低处。

5.2.5 粪污处理区

位于场区边缘、下风向，有单独通道，用于粪便分离、堆贮、加工，尿液及污水处理等。

6 牛舍建筑与设施设备

6.1 牛舍建筑

6.1.1 建筑形式

6.1.1.1 根据不同的海拔高度和建筑样式，可采用开放式、半开放式、封闭式。

6.1.1.2 应注意夏季降温和冬季保温，封闭式牛舍应注意通风、换气。

6.1.1.3 屋顶可采用单坡、双坡等形式。

6.1.2 建筑材料

牛场墙体采用砖混结构或钢架结构；地面用砖或混凝土等材料；顶棚应采用导热性低的隔热保温材料，可用彩钢加隔热板或树脂瓦；牛栏材料宜采用直径 50mm，管壁厚度为 3.5mm 的钢管。

6.1.3 牛舍建筑要求

6.1.3.1 牛舍主要有单列式和双列式。

6.1.3.2 单列式内径跨度 4.5m～5.0m；双列式内径跨度 10m～12m，采用对头式饲养。

6.1.3.3 高度不低于 5m，屋檐距地面不低于 3.5m。

6.1.3.4 牛舍面积按照每头育肥牛不低于 5m²，能繁母牛不低于 6m² 计算。

6.1.3.5 污水减量化；做到雨、污分流。

6.2 内部设施

6.2.1 牛床

采用拴系式育肥牛，宜建长 1.8m～2.0m，宽 1.0m～1.2m，前高后低，坡度为 3%～5% 的牛床。

6.2.2 牛栏

根据饲养品种不同，牛栏设计高度宜在 1.2m～1.5m。牛床的前面、左右侧等配置牢固的铁栅栏。牛栏应设颈枷。

6.2.3 食槽、水槽

6.2.3.1 食槽设在牛床前面，长度与牛床的宽度相同，做成通槽式。

6.2.3.2 食槽上宽 60cm～80cm，底宽 35cm～45cm；底呈弧形，槽内缘高 35cm（靠牛床一侧）；高食槽外缘高 60cm～80cm 为宜，低食槽外缘高与饲料通道相平。

6.2.3.3 牛舍内宜安装自动饮水器。

6.2.4 饲料通道

依据投料方式来决定饲料通道宽度，一般为 1.5m～3.0m。

6.2.5 清粪通道

宽度宜为 1.5m～2.0m，通道应做防滑处理。

6.2.6 粪尿沟

在牛床与清粪通道之间设排粪尿沟。宽 30cm～40cm、深 15cm～30cm 为宜，倾斜度 1%～2%。

6.3 辅助设施

6.3.1 消毒设施

6.3.1.1 消毒室可建在生产区入口处，长 3m，宽 2m，高 2m 为宜，脚底消毒池体深 2cm～5cm 为宜。

6.3.1.2 车辆消毒池建在生产区入口，深度宜为 30cm，长度宜为 5m，宽度宜为 3m。同时设置喷雾消毒设施。

6.3.1.3 圈舍入口处设置消毒池，消毒池长宜为 1m，宽度略小于净道宽度。内可放置棕垫或地毯等。

6.3.2 饲草饲料库

面积以满足饲养 6 个月的存贮量为宜，地面做硬化处理，满足防潮、防霉、防鼠、防火等需要。

6.3.3 青贮池

容积以每头牛 3m³～4m³ 为宜。池底部从里向外的坡度以 2%～5% 为宜；屋顶可采用彩钢，距地面 4m～5m 为宜。

6.3.4 蓄水池

可选择方形或圆形，按照每头牛每天需要 40L～60L 设计，储水量以可连续使用 30d 为宜；池体墙厚度不低于 24cm，做防渗处理；池底混凝土厚度不低于 20cm。

6.4 隔离牛舍

用于新购入牛或病牛的隔离，面积不低于 20m²。

6.5 粪污处理设施

6.5.1 干粪堆放间的屋顶宜采用透明阳光棚，面积不低于 50m²，高度不低于 4m。

6.5.2 化粪池要求防渗、防漏，宜建三级沉淀池，有效容积不低于 30m³。

6.5.3 化粪池与消纳地之间宜建设中转贮存池，容积根据消纳利用情况确定，防渗、防漏。

6.5.4 建粪污还田管网；材质宜采用 PPR（或 PE）管材等耐用、抗高压材料，主管道直径 50mm ～63mm 为宜；支管直径 25mm～32mm 为宜。

6.5.5 牛场废弃物排放应符合 GB 18596 的规定。

6.6 配套机械设备

6.6.1 饲料粉碎机 1 台，加工能力 0.5t/h～0.8t/h 为宜，用于玉米和豆粕等粉碎加工。

6.6.2 铡草揉丝机 1 台，加工能力 1t/h～1.5t/h 为宜，用于青草及秸秆等草料加工。

6.6.3 全混合日粮饲料搅拌机（TMR）1 台，容积 1m³～3m³ 为宜。

6.6.4 挤压式固液分离机 1 台，处理粪污能力 8m³～10m³/h 为宜。

7 牛源选择

7.1 宜选择西门塔尔、安格斯、利木赞等优良肉牛品种或与地方品种的杂交后代。

7.2 宜选择无规定动物疫病区的健康母牛、犊牛和架子牛，应对购进的牛进行隔离消毒和观察。对病死牛应按照有关要求进行无害化处理。

ICS 67.100.10
CCS X 16

DB50

重 庆 市 地 方 标 准

DB50/T 1155—2021

有机生牛乳生产技术规程

2021-11-01 发布　　　　　　　　　　2022-02-01 实施

重庆市市场监督管理局　发布

前　言

本文件按照 GB/T 1.1—2020《标准化工作导则　第 1 部分：标准化文件的结构和起草规则》的规定起草。

请注意本文件的某些内容可能涉及专利。本文件的发布机构不承担识别专利的责任。

本文件由重庆市农产品质量安全中心、重庆天友乳业有限公司提出。

本文件由重庆市农业农村委员会归口。

本文件起草单位：重庆市农产品质量安全中心、重庆天友乳业有限公司。

本文件主要起草人：李学琼、张海彬、陈一龙、邬清碧、廖家富、郭萍、程光辉、唐道珍、王小花、卞春梅、彭广东。

有机生牛乳生产技术规程

1 范围

本文件规定了有机生牛乳生产中的牛场选址与建场、品种引种、转换期、饲养管理、繁殖、疫病防治、有害生物防治、废弃物处理、生产档案等要求。

本文件适用于生产有机生鲜牛乳的奶牛养殖。

2 规范性引用文件

下列文件中的内容通过文中的规范性引用而构成本文件必不可少的条款。其中，注日期的引用文件，仅该日期对应的版本适用于本文件；不注日期的引用文件，其最新版本（包括所有的修改单）适用于本文件。

GB 5749　生活饮用水卫生标准

GB 15618　土壤环境质量　农用地土壤污染风险管控标准（试行）

GB/T 16568　奶牛场卫生规范

GB/T 19630—2019　有机产品　生产、加工、标识与管理体系要求

GB/T 20014.8—2013　良好农业规范　第8部分：奶牛控制点与符合性规范

HJ 568　畜禽养殖产地环境评价规范

NY/T 3075　畜禽养殖场消毒技术

3 术语与定义

下列术语与定义适用于本文件。

3.1

有机生牛乳　organic raw milk

从符合国家有机生产要求的健康奶牛乳房中挤出的无任何成分改变的原奶。产犊后7d的初乳、用药期间和休药期间的乳汁、变质乳不应用作有机生鲜牛乳。

3.2

有机生牛乳生产　organic raw milk production

遵照国家标准对有机生产的要求，在奶牛的饲养管理过程中，以有机饲草料饲喂，限制、限量使用符合有机生产规定的兽药、饲料及饲料添加剂等物质，不使用胚胎移植、克隆等繁殖技术，并满足动物自然行为和生活习性的一种生鲜牛乳的生产方式。

4 选址与建场

4.1 奶牛场环境

奶牛养殖产地环境应符合HJ 568的规定，牛粪便贮存处理设施和养殖污染物的排放应达到GB/T 19630—2019对环境影响的要求，土壤环境质量应符合GB 15618的规定。

4.2 场址选择

4.2.1 应建在地势平坦、背风向阳、水源充足、水质良好、排水良好的地方。

4.2.2 应建在有利于隔离、封锁的地方，以防控疫病。

4.2.3 距离干线公路、铁路、城镇、居民区和公共场所3km以上。

4.2.4 牛场周围5km内不应有大型化工厂、矿场、医院、屠宰场和其他畜牧场，同时牛场不应建在

饮用水源或食品厂上游。

4.3 牛场布局与设施

4.3.1 奶牛场布局与设施应符合 GB/T 16568 的规定。

4.3.2 牛场应分设管理区、生活区、生产区、隔离区、废弃物处理区。场内设净道和污道，净道和污道分开。根据当地地势和风向，生产场地应根据从净区向污染区不可逆走向的要求布局。废弃物处理设施应设在牛场生产区的下风处。

4.3.3 牛场周围应建立隔离带，并设围墙或防疫沟。

4.4 牛舍建筑设施

4.4.1 牛舍室内面积和室外面积应符合 GB/T 19630—2019 的要求，确保足够的活动空间。

4.4.2 牛舍建筑设施应符合 GB/T 20014.8—2013 对牛舍和设施的要求，但牛舍的室内面积和室外面积应当符合本文件 4.4.1 的要求。

4.4.3 牛舍基础应稳定、坚固，防止地基下沉、塌陷和建筑物出现裂缝、倾斜。墙壁应坚固结实、抗震、防水，防火，具有良好的保温和隔热性能。

4.4.4 牛舍建设不应使用对人或奶牛的健康明显有害的建筑材料和设备。

4.4.5 牛舍地面和墙体应选用适宜材料，要致密坚实，不打滑，有弹性，便于清洗、消毒。

5 品种引入

5.1 应根据重庆的地理气候特点选择、引入适应性强、抗性强的品种。

5.2 必须依据《反刍动物产地检疫规程》《跨省调运乳用、种用动物产地检疫规程》的规定，引进健康的奶牛、种公牛，同时，调入、调出机构必须有相应资质，引入的牛必须有良种登记记录。

5.3 奶牛、种公牛的运输应符合 GB/T 19630—2019 的要求。引入牛在装运及运输过程中不应接触其他偶蹄动物，要对运输车辆进行彻底清洗、消毒，引入后要隔离饲养至少 45d，经检疫检测并确定为健康后，方可并入牛场饲养。

5.4 宜引入有机饲养的奶牛。不能得到有机饲养的奶牛时，可引入符合以下条件常规饲养的奶牛，经过有机转换期，方可并入有机牛场饲养。

　　——引入不超过 4 周龄，接受过初乳喂养且主要以全乳喂养的犊牛。

　　——引入超过 4 周龄的常规奶牛，但是不应超过成年有机奶牛总量的 10%。

　　——在出现不可预见的严重自然灾害、人为事故或牛场规模大幅度扩大以及牛场发展新的品种时，经认证机构许可，引入超过 4 周龄常规奶牛的数量可达成年有机奶牛总量的 40%。

5.5 可引入常规种公牛，引入后应立即按照有机生产方式饲养。

6 转换期

　　奶牛转换期应符合 GB/T 19630—2019 的要求。

7 饲养管理

7.1 饲养条件

7.1.1 奶牛的饲养条件应当符合 GB/T 19630—2019 的要求。

7.1.2 舍内温度、湿度、气流、风速和光照应满足奶牛不同饲养阶段的生理需求。

7.1.3 应配备自动化、智能化环境控制系统。

7.2 饲喂管理

7.2.1 应以有机饲料饲养，饲料应符合 GB/T 19630—2019 的要求。

7.2.2 饲喂前饲草应铡短，扬弃泥土，清除异物，防止污染；块根、块茎类饲料需清洗、切碎，冬季应防冷冻。

7.2.3 按饲养规范饲喂，不堆槽、不空槽、不喂发霉、变质和冰冻饲草饲料。

7.2.4 每天应清洗牛舍槽道、地面、墙壁，除去褥草、污物、粪便。清洗工作结束后应及时将粪便及污物运送到贮粪场。运动场牛粪派专人每天清扫，集中到贮粪场。

7.2.5 应按奶牛生长发育阶段和成年母牛泌乳期、泌乳量等分群饲养。

7.3 饮水管理

饮用水水质应符合 GB 5749 的要求，实行自由饮水。冬季应饮温水。

7.4 饲养人员管理

饲养人员的健康卫生应符合 GB/T 16568 的规定。饲养人员应定期进行健康检查，传染病患者不得从事饲养工作，场内兽医、配种人员等生产技术人员不得对外从事相关工作。

7.5 平行生产管理

奶牛场内同时养殖有机奶牛和非有机奶牛的，应满足 GB/T 19630—2019 的要求。

8 挤奶管理

8.1 挤奶设施及生牛乳贮存设施应在挤奶前后清洗、消毒，并做好记录。挤奶设备应定期检查、维护和保养。

8.2 挤奶前，应检查奶牛是否患病。病牛，尤其是患乳腺炎的奶牛、正在治疗疾病的奶牛、使用兽药未达到 10.4.5 和 10.4.6 规定的奶牛，不得上机挤奶。挤奶前用温水清洗乳房和乳头，并用一次性纸巾擦干。

8.3 挤奶后用消毒液喷淋乳头消毒。乳头药浴消毒药应符合 GB/T 19630—2019 的规定。

8.4 奶牛产犊 7d 内的初乳不应出场加工使用，以初乳为原料进行乳制品生产的除外。

8.5 挤奶完成后，生鲜牛乳应当贮存在密封的容器中，并及时做降温处理，使其温度保持在 0℃～4℃。超过 2h 未冷藏的，不得作为合格产品使用。

9 繁殖

9.1 应建立奶牛的繁殖档案，记录内容包括发情、配种、妊检、流产、产犊和产后监护等。

9.2 应符合 GB/T 19630—2019 的规定。

10 疫病防治

10.1 卫生消毒

10.1.1 消毒剂应选择对人体、奶牛和环境安全，没有残留毒性，不会破坏设备和不会在牛体内产生有害积累，不对牛奶生产造成污染的消毒剂。消毒剂应符合 GB/T 19630—2019 的规定。

10.1.2 奶牛场各生产环节的消毒方法应符合 NY/T 3075 的规定。

10.1.3 应对养殖场的环境、牛舍、用具、外来人员、生产环节（挤奶、助产、配种、注射治疗及任何对有机奶牛进行接触）使用的器具和人员等进行消毒。消毒时，应将奶牛迁出处理区。

10.2 免疫

奶牛场的免疫应符合重庆市无规定动物疫病区管理的相关规定，无疫区对牛的牛布鲁氏菌病、牛结核病等规定动物疫病实行禁止免疫。使用疫苗预防接种，应符合 GB/T 19630—2019 的规定。

10.3 健康检查及疫病监测

10.3.1 依据我国《反刍动物产地检疫规程》的技术要求，必须定期对牛群进行临床健康检查。

10.3.2 奶牛场应定期开展动物疫病检测。检测的疫病应至少包括口蹄疫、蓝舌病、炭疽、牛白血病、牛布鲁氏菌病、牛结核病，同时需要注意检测已扑灭的疫病和外来疫病的传入，如牛瘟、牛传染性胸膜肺炎、牛海绵状脑病等。对检测不符合要求的奶牛、种公牛，必须严格按照《反刍动物产地检疫规程》对检疫结果处理的要求处理。

10.4 疾病治疗

10.4.1 可选用符合有关要求的植物源制剂、微量元素、微生物制剂，采用中兽医、针灸、顺势治疗等方法治疗。

10.4.2 不应使用抗生素或化学合成的兽药对处于潜伏期或未发病的奶牛进行预防用药。

10.4.3 不应使用抗生素、化学合成的抗寄生虫药或其他生长促进剂促进奶牛的生长和生产，可在兽医监督下使用激素对个别动物进行疾病治疗。

10.4.5 当采取多种预防措施仍无法控制奶牛疾病或伤痛时，可在兽医的指导下对患病奶牛使用常规兽药，但每头牛每年最多可接受 3 个疗程的抗生素或化学合成的兽药治疗，如超过允许疗程，则应进入规定的转换期。

10.4.6 应逐个标记接受过抗生素、激素、化学合成的兽药治疗的奶牛，经过这些药物休药期的 2 倍时间（如果 2 倍休药期不足 48h，则应延长至 48h）后，这些奶牛所产的牛奶才可以作为有机产品出售。

10.5 非治疗性手术

对奶牛进行非治疗性手术，应符合 GB/T 19630—2019 的要求。

10.6 疫情处置

奶牛场内出现动物疫病或疑似染疫，应当立即向所在地的农业农村主管部门或动物疫病预防控制机构报告，并迅速采取隔离等控制措施，防止动物疫情扩散。

10.7 病死牛和病害牛乳的无害化处理

病死牛、病害牛乳和死因不明的牛尸，严格按照《病死及病害动物无害化处理技术规范》的要求进行无害化处理。

11 有害生物防治

有害生物防治应按照优先次序采用以下方法：

a) 采取预防措施，搞好牛舍内外环境卫生；

b) 采取机械、物理和生物控制方法；

c) 可在奶牛饲养场使用 GB/T 19630—2019 允许使用的物质，消灭杂草和水坑等蚊蝇滋生地，或在牛场外围设诱杀点，消灭蚊蝇。在牛舍内外奶牛接触不到的部位采用器具灭鼠。同时，要及时收集死鼠、死蚊蝇等有害生物，并做好无害化处理工作。

12 养殖档案及畜禽标识

奶牛应加施畜禽标识，建立奶牛生产档案。奶牛养殖场应当建立养殖档案，档案符合 GB/T 19630—2019 的要求，记录保存期限不得少于 5 年。

参 考 文 献

［1］中华人民共和国农业农村部．反刍动物产地检疫规程［EB/OL］．（2010－04－20）［2010－05－20］．http：//www.moa.gov.cn/nybgb/2010/dwq/201805/t20180531_6150762.htm.

［2］中华人民共和国农业农村部．跨省调运乳用、种用动物产地检疫规程［EB/OL］．（2019－01－02）［2019－01－04］.http：//www.moa.gov.cn/gk/tzgg_1/tz/201901/t20190104_6166148.htm.

［3］中华人民共和国农业农村部．病死及病害动物无害化处理技术规范［EB/OL］．（2017－07－03）［2017－07－20］.http：//www.moa.gov.cn/nybgb/2017/dqq/201801/t20180103_6133924.htm.

ICS 65.020.30
CCS B 43

DB50

重 庆 市 地 方 标 准

DB50/T 1199—2021

涪陵水牛犊牛饲养管理技术规程

2021-12-30 发布

2022-04-01 实施

重庆市市场监督管理局 发布

前　言

本文件按照 GB/T 1.1—2020《标准化工作导则　第 1 部分：标准化文件的结构和起草规则》的规定起草。

请注意本文件的某些内容可能涉及专利。本文件的发布机构不承担识别专利的责任。

本文件由重庆市农业农村委员会提出并归口。

本文件起草单位：重庆市畜牧科学院。

本文件主要起草人：向白菊、蒋安、孙晓燕、赵金红、高立芳、黄德均、何德超、汪波、黄琳惠。

涪陵水牛犊牛饲养管理技术规程

1 范围

本文件规定了涪陵水牛犊牛饲养管理的术语和定义、初生犊牛护理、饲养、断奶以及管理的技术规范。

本文件适用于涪陵水牛饲养的养殖场（户）。

2 规范性引用文件

下列文件中的内容通过文中的规范性引用而构成本文件必不可少的条款。其中，注日期的引用文件，仅该日期对应的版本适用于本文件；不注日期的引用文件，其最新版本（包括所有的修改单）适用于本文件。

GB 13078 饲料卫生标准

NY 5126 无公害食品 肉牛饲养兽医防疫准则

NY 5027 无公害食品 畜禽饮用水水质

NY/T 5030 无公害农产品 兽药使用准则

3 术语和定义

下列术语和定义适用于本文件。

3.1
犊牛 calf
出生到 6 月龄的小牛。

3.2
初乳 colostrum
母牛分娩后 5d 内所产的乳汁。

3.3
常乳 mature milk
母牛分娩 5d 后所产的乳汁。

3.4
粗饲料 roughage
水分含量在 60％以下，干物质中粗纤维含量≥18％的饲料，体积大，可消化利用的养分少。常见的有干草、作物秸秆等。

3.5
精料补充料 concentrate supplement
为了给以粗饲料、青饲料、青贮饲料为基础饲料的草食动物补充营养，用多种饲料原料按一定比例配制的饲料，也称混合精料。

3.6
青绿饲料 green feed
可以用作饲料的植物新鲜茎叶，因富含叶绿素而得名。

4 初生犊牛的护理

4.1 舍内温度应保持在 10℃以上，环境干净整洁，不得有贼风。

4.2 犊牛出生后，应让母牛舔净或人工擦干身上黏液。

4.3 口鼻如有异物堵塞应及时清除，保证其呼吸通畅。

4.4 犊牛的脐带未自然扯断时，用消毒剪刀在距腹部6cm～10cm处剪断，医用碘酊消毒断端。

5 犊牛的饲养

5.1 哺乳

5.1.1 哺乳方式

通常采用随母哺乳，如遇异常应人工辅助。

5.2 喂初乳

5.2.1 初生犊牛应在出生后2h内吃上初乳。

5.2.2 犊牛出生后0.5h内不能站立的，应人工辅助犊牛站起，帮助犊牛接近母牛乳房哺乳；喂奶后用毛巾擦干嘴头乳汁。

5.2.3 饲喂常乳

若母乳不足或产后母牛死亡，则需对犊牛人工哺喂常乳。一般使用鲜牛奶，每天喂量为犊牛体重的8%～11%，每天喂2次～3次，奶温保持在35℃～38℃。

5.2.4 喂乳器具清洗消毒

喂乳前清洗、消毒奶具。喂乳后马上用自来水清洗奶具，再用pH7.5碱性洗涤剂擦洗，最后用温水漂洗。

5.3 补饲

5.3.1 粗饲料

犊牛7日龄后，提供优质青绿饲料和干草训练采食。30日龄后逐步增加粗饲料饲喂量。

5.3.2 精料补充料

7日龄后诱导犊牛自由采食精料。视犊牛采食情况逐步增加，保持饲料新鲜及料盘清洁。犊牛料饲喂时以湿拌料为宜。精料应符合GB 13078的饲料卫生标准。

6 犊牛的断奶

舍饲犊牛以3月龄～5月龄断奶为宜，放牧犊牛在6月龄前断奶。宜采用母仔隔离的方法断奶。

7 犊牛的管理

7.1 称重与编号

犊牛第一次吃初乳前称重、编号。

7.2 饮水

每天给犊牛提供清洁饮水，冬季水温35℃～38℃，其他季节常温饮用。饮用水应符合NY 5027的要求。

7.3 卫生

7.3.1 保持圈舍清洁、干燥、通风透气、温度适宜。

7.3.2 圈舍应定期消毒。

7.3.3 舍饲时每天清粪，牛舍不应有积水。

7.3.4 饲喂前清空饲槽，补料槽、饮水槽等每次用完后应刷洗干净，保持清洁，定期消毒。

7.4 日常观察

观察犊牛的行为、精神和粪便等，出现异常及时诊治，用药应符合NY/T 5030的要求。

7.5 防寒保暖

犊牛的生活环境要求干燥、冬暖夏凉，犊牛栏内要铺柔软、干净的垫草。犊牛转出后用2%火碱彻底消毒牛栏及用具，更换垫草、垫料。

7.6　防疫

防疫应符合 NY 5126 的要求。

ICS 65.020.01
CCS B 40

DB50

重 庆 市 地 方 标 准

DB50/T 1237—2022

中小规模肉牛养殖场粪污处理
与利用技术规范

2022-04-20 发布　　　　　　　　　　　　　　2022-07-20 实施

重庆市市场监督管理局　发布

前　言

　　本文件按照 GB/T 1.1—2020《标准化工作导则　第 1 部分：标准化文件的结构和起草规则》的规定起草。

　　请注意本文件的某些内容可能涉及专利。本文件的发布机构不承担识别专利的责任。

　　本文件由彭水苗族土家族自治县畜牧发展中心提出。

　　本文件由重庆市农业农村委员会归口。

　　本文件起草单位：彭水苗族土家族自治县畜牧发展中心、重庆市畜牧技术推广总站、重庆市质量和标准化研究院、石柱土家族自治县畜牧产业发展中心、丰都县畜牧发展服务中心、重庆市渝北职业教育中心、彭水县显韬牲畜饲养有限公司。

　　本文件主要起草人：邓小龙、朱洪艳、朱燕、蒋林峰、何道领、廖洪荣、张科、石海桥、王天波、周俊、刘铁、余耀、向博、唐永锡。

中小规模肉牛养殖场粪污处理与利用技术规范

1 范围

本文件规定了中小规模肉牛养殖场粪污处理与利用的术语和定义、基本要求，布局与设计、清粪工艺、粪污收集与贮存、粪污处理与利用、资料记录的技术要求。

本文件适用于常年存栏肉牛 50 头～500 头的中小规模养殖场。

2 规范性引用文件

下列文件中的内容通过文中的规范性引用而构成本文件必不可少的条款。其中，注日期的引用文件，仅该日期对应的版本适用于本文件；不注日期的引用文件，其最新版本（包括所有的修改单）适用于本文件。

GB/T 25246　畜禽粪便还田技术规范

GB/T 26624　畜禽养殖污水贮存设施设计要求

GB/T 27622　畜禽粪便贮存设施设计要求

GB/T 36195　畜禽粪便无害化处理技术规范

GB 50069　给水排水工程构筑物结构设计规范

NY/T 3023　畜禽粪污处理场建设标准

NY/T 3442　畜禽粪便堆肥技术规范

HJ/T 81　畜禽养殖业污染防治技术规范

3 术语和定义

下列术语和定义适用于本文件。

3.1

粪污　feces

牛场产生的液体粪污和固体粪污的总称。

3.2

液体粪污　liquid manure

牛场产生的液体废弃物，包括尿液、残余粪便、生产过程中产生的废水等。

3.3

固体粪污　solid manure

牛场产生的固体废弃物，包括粪便、饲料残渣、垫草、垫料等。

3.4

固体粪污处理场　solid manure treatment site

牛场固体粪污堆积处理的场所，包括堆粪场、堆肥场、成品堆肥存放场所。

4 基本要求

4.1 按照减量化、无害化、资源化、生态化的原则，处理与利用粪污。

4.2 宜采用先进的工艺、技术与设备，提高粪污处理效率及综合利用率。

4.3 在处理粪污的过程中应满足安全、卫生和环保要求，避免二次污染。

5 布局与设计

5.1 布局

5.1.1 按照 NY/T 3023 的要求，因地制宜布局粪污处理区。

5.1.2 粪污处理设施应距离功能地表水体 400m 以上，符合 HJ/T 81 的要求。

5.1.3 粪污处理区独立于生活管理区、生产区、生产辅助区、隔离区，应建在牛场常年主导风向的下风向或侧风向处。

5.2 设计

5.2.1 设计应满足雨污分流要求。液体粪污应用暗沟或管道输送至处理场所；雨水能够顺利进入雨水沟，达到完全排放的要求。

5.2.2 应根据存栏量配套对应的粪污处理设施设备，满足防渗、防雨、防溢流等要求。

5.2.3 地下液体粪污处理池的顶沿应高出地面 0.3m 以上，周围应设置导流渠。

5.2.4 粪污处理设施周围设置安全防护设施与警示标识。

6 清粪工艺

6.1 可采用人工清粪或机械清粪。

6.2 应采用干清粪工艺，及时、单独清除干粪。

7 粪污收集与贮存

7.1 收集

7.1.1 固体粪污收集每日应不少于 2 次，通过污道运输。

7.1.2 液体粪污采用防渗漏的暗沟或管道收集，沟宽、沟深及管道的直径均不小于 0.3 m，沟底坡度不小于 1%。

7.2 贮存

7.2.1 固体粪污贮存

7.2.1.1 固体粪污堆粪场建设按 GB/T 27622 的规定执行。

7.2.1.2 堆粪场应设置收集粪便渗出液的暗沟（管），渗出液通过暗沟（管）导入收集池。

7.2.1.3 堆粪场应符合以下要求：

　　a) 地面应硬化，有 1%～2% 的坡度；

　　b) 三面为墙，一面设门。墙高宜为 1.0 m～1.5 m，墙厚不小于 0.24 m，每隔 2.0 m 应有钢筋混凝土立柱，墙体以水泥抹面防渗漏；

　　c) 屋顶宜采用透明材质，棚檐向墙体外延伸 0.8 m 以上，距地面不低于 4.0 m。

7.2.2 液体粪污贮存

7.2.2.1 液体粪污贮存设施的建设按 GB 50069、GB/T 26624 的规定执行，配置排污泵。

7.2.2.2 贮存池总有效容积应不小于 60d 液体粪污产生量。

7.2.2.3 定期进入堆粪场清除底部淤泥。

8 粪污处理

8.1 处理工艺

粪污处理工艺流程见图 1。

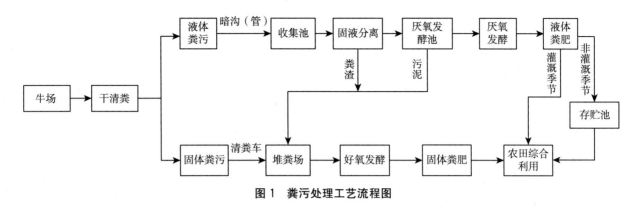

图 1　粪污处理工艺流程图

8.2　固体处理

8.2.1　固体粪污宜采用堆肥发酵工艺处理，应配备混合、输送、搅拌等设施设备。

8.2.2　堆肥工艺按 NY/T 3442 的规定执行。

8.2.3　固体粪污处理场容纳量应按照 $0.2m^3$/（头·月）设计，以不小于 6 个月堆肥存放量为宜。

8.3　液体粪污处理

8.3.1　宜经厌氧发酵处理后还田利用，不能还田利用的应经深度处理后达标排放。

8.3.2　处理前端宜建设收集池，容量不宜小于最大日排放量的 3 倍，收集池应设置格栅、安装搅拌机。

8.3.3　厌氧发酵池的有效容积应按照 $0.6\ m^3$/（头·月）设计，且不少于 2 个月的液体粪污产生量。

9　利用

9.1　处理后的粪污在还田利用时，应符合 GB/T 36195 的卫生学指标要求，施用方法应按 GB/T 25246 的规定执行，避免二次污染。

9.2　液体粪肥通过排污泵、还田管网、运输车等设施设备输送至田间中转储存池后还田利用。

9.3　固体粪肥还田利用。

10　资料记录

建立健全粪污处理与资源化利用台账。

三、羊

（11个）

ICS 65.020.30
B 43
备案号：29820—2011

DB50

重 庆 市 地 方 标 准

DB50/T 385—2011

大足黑山羊

2011-01-30 发布　　　　　　　　2011-05-01 实施

重庆市质量技术监督局　发布

前　言

本文件按照GB/T 1.1—2009《标准化工作导则　第1部分：标准的结构和编写》的规定起草。

请注意本文件的某些内容可能涉及专利。本文件的发布机构不承担识别专利的责任。

本文件由大足县畜牧兽医局提出并归口。

本文件起草单位：大足县畜牧兽医局、西南大学、重庆市大足县质量技术监督局。

本文件主要起草人：张家骅、李周权、郭礼刚、赵中权、王贤海、涂德华、王建国、徐恢仲、康凯、王豪举、吴田兴。

大足黑山羊

1 范围

本文件规定了大足黑山羊的术语和定义、外貌特征、生产性能、等级划分和鉴定规则。

本文件适用于重庆市内大足黑山羊的鉴定、等级评定和种羊出售。

2 规范性引用文件

下列文件对于本文件的应用是必不可少的。凡是注日期的引用文件，仅注日期的版本适用于本文件。凡是不注日期的引用文件，其最新版本（包括所有的修改单）适用于本文件。

GB 16567 种畜禽调运检疫技术规范

中华人民共和国畜牧法（2005 年）

3 术语和定义

3.1

大足黑山羊 Dazu Black goat

原产于重庆市大足县，为国家认定的畜禽遗传资源。

3.2

体重 body weight

在早晨空腹时，使用台秤或地秤所称重量。

3.3

体高 body height

用测杖测量鬐甲最高处至地面的垂直距离。

3.4

体长 body length

用测杖测量肩胛骨前缘到坐骨结节后缘的直线距离。

3.5

胸围 chest circumference

用软尺测量肩胛骨后缘垂直地面绕胸一周的周长。

3.6

管围 cannon bone circumference

用软尺测量左前肢腕关节下掌骨最细部的周长。

3.7

初产母羊平均产羔数 primiparous ewe average of yean number

初产母羊产羔总数与初产母羊产羔窝数之比。

3.8

经产母羊平均产羔数 multiparity ewe average of yean number

经产母羊产羔总数与经产母羊产羔窝数之比。

3.9

羔羊成活率 lamb survival rate

2 月龄成活羔数与产活羔总数的百分比。

3.10

成年羊 adult goat

3 周岁以上公羊，2.5 周岁以上母羊。

3.11

屠宰前活重 weight before slaughter

屠宰前停饲 24h 的体重。

3.12

胴体重 carcass weight

屠宰并充分放血后，去皮、尾、头（枕环关节处分割）、蹄（前肢腕关节、后肢膝关节处分割）、内脏后，带有肾脏及其周围脂肪，静置 30min 后的重量。

3.13

屠宰率 dressing percent

胴体重与屠宰前活重的百分比。

3.14

净肉率 net meat rate

胴体去骨后的净肉重与屠宰前活重的百分比。

3.15

板皮面积 slab area

板皮长（即板皮颈部中心点至尾根的直线距离）与板皮宽（即板皮两边中心点间的直线距离）的乘积。

4 外貌特征

4.1 体型

体格较大，体质结实，结构匀称。

4.2 头型

头中等大，额平、狭窄，大多数有角、有髯，角灰色、光滑、微曲，向侧后方伸展，呈倒"八"字形，鼻梁平直，耳窄、长，向前外侧方伸出。公羊头雄壮、角粗壮，母羊头型清秀、角较细。

4.3 颈部

少数有肉垂，无皱褶。公羊颈长、粗壮，母羊颈细长。

4.4 躯干

体躯呈长方形，前胸发达、胸宽深，肋骨开张，后躯宽广，背腰平直，尻斜。母羊腹大而不下垂。

4.5 四肢

公羊长、粗；母羊较长、较粗。蹄质坚硬、黑色。

4.6 尾部

尾短尖、上翘。

4.7 被毛

全黑、短，肤色白。

4.8 骨骼及肌肉发育

公羊骨骼粗壮，肌肉较丰满；母羊骨骼结实，肌肉适中。

4.9 睾丸或乳房发育

公羊睾丸发育对称，呈椭圆形；母羊乳房大，发育良好，呈梨形，乳头均匀对称，少数有副乳头。

5 生产性能

5.1 体重、体尺

大足黑山羊的体重、体尺见表1。

表1 大足黑山羊体重、体尺

年龄	性别	体重/kg	体高/cm	体长/cm	胸围/cm	管围/cm
6月龄	母羊	≥14.5	≥41	≥47	≥56	≥6.2
	公羊	≥15.5	≥43	≥51	≥58	≥6.4
周岁	母羊	≥21	≥47	≥55	≥69	≥6.6
	公羊	≥25	≥53	≥62	≥75	≥7.4
成年	母羊	≥32	≥58	≥66	≥82	≥9.5
	公羊	≥45	≥68	≥77	≥94	≥9.5

5.2 产肉性能

6月龄公羊胴体重≥6.4kg，屠宰率≥41%，净肉率≥34%。

6月龄母羊胴体重≥6.0kg，屠宰率≥41%，净肉率≥34%。

周岁公羊胴体重≥15kg，屠宰率≥44.9%，净肉率≥34.2%。

周岁母羊胴体重≥10kg，屠宰率≥44.7%，净肉率≥33.2%。

5.3 板皮品质

周岁羊板皮面积≥5 100cm²，成年羊≥6 400cm²。结构致密，富有弹性，厚薄均匀。

5.4 繁殖性能

性成熟早，公羊初情期为4月龄～5月龄，母羊为3月龄～4月龄。公羊初配年龄为7月龄～8月龄，利用年限为5年～7年；母羊为6月龄，利用年限为6年～8年。母羊常年发情，发情周期为19d～23d，发情持续期为24h～72h，妊娠期为147d～150d。初产母羊平均产羔数≥1.7只，经产母羊平均产羔数≥2.4只；羔羊成活率不低于90%。

6 等级评定

在体型、外貌符合品种特征的前提下，按照体型外貌、体重和体尺、繁殖性能和个体品质进行综合评定。

6.1 评定时间

在6月龄、周岁、成年3个阶段进行。

6.2 评定内容

按照体型外貌、体重和体尺（体高、体长、胸围、管围）、繁殖性能和个体品质进行综合评定。

6.3 评定方法

6.3.1 外貌评分

按表2内容评分。

表2 外貌评分

项目	评分标准	评分	
		公羊	母羊
被毛	全黑，无杂毛，被毛较短	10	10
头颈部	头中等大，额平、狭窄，大多数有角、有髯，角灰色、光滑、微曲，向侧后方伸展，呈倒"八"字形，鼻梁平直，耳窄、长，向前外侧方伸出。公羊头型雄壮，角粗壮，母羊头型清秀，角较细。颈部少数有肉垂，无皱褶。公羊颈长、粗壮，母羊颈细长	25	25

表2（续）

项目	评分标准	评分	
		公羊	母羊
躯干	体躯呈长方形，前胸发达，胸宽深，肋骨开张，后躯宽广，背腰平直，尻斜。母羊腹大而不下垂	25	25
四肢及蹄	公羊四肢长、粗；母羊较长、较粗。蹄质坚硬、黑色	15	15
睾丸或乳房发育	公羊睾丸发育对称，呈椭圆形；母羊乳房大，发育良好，呈梨形，乳头均匀对称，少数有副乳头	25	25
合计		100	100

6.3.2 外貌等级评定

按表3内容评定。

表3 外貌等级评定

等级	公羊	母羊
特级	≥95	≥95
一级	≥85	≥85
二级	≥80	≥75
三级	≥75	≥65

6.3.3 体重、体尺等级评定

按表4内容评定。

表4 体重、体尺等级评定

年龄	项目	体重/kg		体高/cm		体长/cm		胸围/cm		管围/cm	
		公	母	公	母	公	母	公	母	公	母
6月龄	特级	23	20	49	47	57	53	69	68	8.5	8
	一级	21.5	18.5	47	45	55	51	65	64	7.7	7.2
	二级	18.5	16	45	43	53	49	60	61	6.9	6.4
	三级	15.5	14.5	43	41	51	47	58	56	6.4	6.2
周岁	特级	34	30	59	53	68	61	81	75	9.6	8.3
	一级	31	27	57	51	66	59	79	73	8.8	7.7
	二级	28	24	55	49	64	57	77	71	8.2	7
	三级	25	21	53	47	62	55	75	69	7.4	6.6
成年	特级	60	43	74	64	83	72	100	88	14.5	11
	一级	56	40	72	62	81	70	98	86	13.5	10.5
	二级	52	36	70	60	79	68	96	84	12.5	10
	三级	45	32	68	58	77	66	94	82	9.5	9.5

6.3.4 经产母羊繁殖性能等级划分

按表5内容评定。

表5 经产母羊繁殖性能等级划分

项目	特级	一级	二级	三级
胎产活羔数	≥3.0	≥2.7	≥2.4	≥2.0

6.3.5 种公羊繁殖性能等级划分

按表 6 内容评定。

表 6 种公羊繁殖性能等级评定表

等级	射精量/mL
特级	≥0.75
一级	≥0.70
二级	≥0.65
三级	≥0.60

6.3.6 个体品质综合等级评定

按表 7 内容评定。

表 7 个体品质综合等级评定

繁殖性能		特				一				二				三			
体重、体尺		特	一	二	三	特	一	二	三	特	一	二	三	特	一	二	三
体型外貌	特	特	特	特	一	一	一	一	二	一	二	二	二	二	二	三	三
	一	特	特	一	二	一	一	二	二	二	二	二	二	二	三	三	三
	二	特	一	二	二	一	二	二	三	二	二	三	三	三	三	三	三
	三	一	一	二	三	二	二	三	三	二	三	三	三	三	三	三	三

注：个体品质根据体重和体尺、繁殖性能、体型外貌 3 项指标进行综合评定等级。

7 鉴定规则

7.1 根据本文件要求，组织鉴定小组开展鉴定工作。

7.2 周岁以上种羊根据外貌、体重、体尺、繁殖性能进行综合评定；6 月龄种羊根据外貌、体重、体尺进行综合评定。

7.3 种羊鉴定阶段划分为 6 月龄、周岁和成年 3 个阶段。

7.4 未达到三级标准的不应作种用。

7.5 向外出售的种羊应在 6 月龄以上，公羊≥二级，母羊≥三级，符合 GB 16567、《中华人民共和国畜牧法》的要求。

ICS 65.020.30
B 43
备案号：32643—2012

DB50

重 庆 市 地 方 标 准

DB50/T 412—2011

酉州乌羊

2012-01-01 发布　　　　　　　　　　　　　　2012-03-01 实施

重庆市质量技术监督局　发布

前　言

本文件按照 GB/T 1.1—2009《标准化工作导则　第 1 部分：标准的结构和编写》的规定起草。

本文件的某些内容可能涉及专利。本文件的发布机构不承担识别这些专利的权利。

本文件由重庆市酉阳土家族苗族自治县畜牧兽医局提出并归口。

本文件起草单位：酉阳土家族苗族自治县畜牧兽医局、重庆市畜牧科学院、重庆市畜牧技术推广总站。

本文件主要起草人：方亚、黄勇富、夏元友、陈红跃、彭春江、郑义、王高富、石胜吉、周向东、姚家志、彭林、赵金红。

酉 州 乌 羊

1 范围

本文件规定了酉州乌羊的术语和定义、外貌特征、生产性能、等级评定和鉴定规则。

本文件适用于酉州乌羊的品种鉴定、饲养管理、保种选育、等级评定和种羊出售。

2 规范性引用文件

下列文件对于本文件的应用是必不可少的。凡是注日期的引用文件，仅注日期的版本适用于本文件。凡是不注日期的引用文件，其最新版本（包括所有的修改单）适用于本文件。

GB 16567 种畜禽调运检疫技术规范

3 术语和定义

下列术语和定义适用于本文件。

3.1

酉州乌羊 Youzhou Wu goat

酉州乌羊是在酉阳土家族苗族自治县境内喀斯特地貌山区的特殊环境条件下，经过长期封闭选育形成的皮肉兼用型地方品种。主要表现性状为全身被毛白色，皮肤和可视黏膜为乌色，背脊有一条黑色脊线，两眼圈为黑色。具有遗传性能稳定、耐粗饲、结构紧凑、配合力好、抗病力强、适应性好、肉质鲜美等特点。原产区和中心产区位于重庆市酉阳土家族苗族自治县境内。

3.2

体重 body weight

在早晨空腹时，使用台秤或地秤所称重量。

3.3

体高 height at withers

用测杖测定山羊鬐甲最高处至地面的垂直距离。

3.4

体长 body length

用测杖测定肩胛骨前缘到坐骨结节后缘的直线距离。

3.5

胸围 heart girth

用软尺测定肩胛骨后缘垂直地面绕胸一周的周长。

3.6

管围 cannon bone circumference

用软尺测定左前肢腕关节下掌骨最细部的周长。

3.7

初产母羊平均产羔数 primiparous ewe average of yean number

初产母羊产羔总数与初产母羊产羔窝数之比。

3.8

经产母羊平均产羔数 multiparity ewe average of yean number

经产母羊产羔总数与经产母羊产羔窝数之比。

3.9

羔羊成活率　lamb survival rate

2 月龄成活羔数与产活羔总数的百分比。

3.10

成年羊　adult goat

3 周岁以上公羊；2.5 周岁以上母羊。

3.11

屠宰前活重　weight before slaughter

屠宰前停饲 24h 的体重。

3.12

胴体重　carcass weight

屠宰并充分放血后，去皮、尾、头（枕环关节处分割）、蹄（前肢腕关节、后肢膝关节处分割）、内脏，带有肾脏及其周围脂肪，静置 30 min 后的重量。

3.13

屠宰率　dressing percent

胴体重与屠宰前活重的百分比。

3.14

净肉率　net meat rate

胴体去骨后的净肉重与屠宰前活重的百分比。

3.15

板皮面积　slab area

板皮长（即板皮颈部中心点至尾根的直线距离）与板皮宽（即板皮两边中心点间的直线距离）的乘积。

4　体型、外貌

4.1　体型

体型中等，体质结实，结构匀称。

4.2　头部

头中等大，额平，清秀，两耳向上直立。公、母羊均有须、角，角向上、向后、向外生长，

4.3　颈部

少数有肉垂，无皱褶。公羊颈粗短；母羊颈细短。

4.4　躯干

体呈楔形，结构紧凑，背腰平直，后躯略高，尻斜。母羊腹大而不下垂。

4.5　四肢

四肢长短适中，骨骼细而坚实，蹄质坚实。

4.6　尾部

尾短尖、上翘。

4.7　被毛

白色为主，背脊有一条黑色脊线，两眼圈为黑色。

4.8　皮肤

乌色，眼、鼻、嘴、肛门、阴门等处可视黏膜为乌色。

4.9　骨骼及肌肉发育

部分乌色。公羊骨骼较粗壮，肌肉较丰满；母羊骨骼结实，肌肉适中。

4.10 睾丸及乳房发育

公羊睾丸发育对称，呈椭圆形；母羊乳房较大，呈梨形，乳头均匀对称，少数母羊有副乳头。

5 生产性能

5.1 生长发育

酉州乌羊的体重、体尺见表1。

表 1 酉州乌羊体重、体尺

年龄	性别	体重/kg	体高/cm	体长/cm	胸围/cm
初生重	母羊	≥1.8			
	公羊	≥2			
周岁	母羊	≥23	≥43	≥50	≥58
	公羊	≥28	≥48	≥52	≥58
成年	母羊	≥33	≥51	≥54	≥65
	公羊	≥35	≥53	≥61	≥69

5.2 繁殖性能

性成熟早，公羊5月龄~6月龄，母羊4月龄~5月龄。初配年龄，公羊7月龄~9月龄，母羊6月龄~7月龄。母羊发情周期19d~23d，发情持续期2d~3d，妊娠期147d~152d。初产母羊平均产羔率≥120.0%，经产母羊平均产羔率≥195%。利用年限，公羊4年~6年，母羊6年~8年。羔羊成活率≥90.0%。

5.3 产肉性能

周岁公羊胴体重≥12kg，屠宰率≥46%，净肉率≥34%。

周岁母羊胴体重≥10kg，屠宰率≥45%，净肉率≥33%。

5.4 板皮面积

周岁羊板皮面积≥4 900cm²，成年羊面积≥6 000cm²。

6 等级评定

6.1 等级评定依据

在体型、外貌符合品种特征的前提下，主要以体重、体尺和繁殖性能为等级评定依据。

6.2 体重、体尺等级评定

按表2内容评定。

表 2 体重、体尺等级评定

年龄	等级	公羊				母羊			
		体高/cm	体长/cm	胸围/cm	体重/kg	体高/cm	体长/cm	胸围/cm	体重/kg
2月龄	特	41	43	50	11	40	42	48	10
	一	39	42	47	10	38	40	45	9
	二	35	39	44	9	35	38	42	8
	三	33	35	42	8	32	34	40	7
6月龄	特	50	52	61	21	48	51	58	19
	一	45	48	56	19	45	47	54	17
	二	42	45	54	17	43	44	52	16
	三	40	43	52	15	41	40	50	13

表 2（续）

年龄	等级	公羊				母羊			
		体高/cm	体长/cm	胸围/cm	体重/kg	体高/cm	体长/cm	胸围/cm	体重/kg
周岁	特	56	60	70	36	54	58	68	33
	一	52	56	62	33	46	54	61	26
	二	48	52	58	28	43	50	58	23
	三	45	48	56	25	40	46	50	20
成年	特	65	75	86	50	62	69	82	45
	一	56	66	77	40	55	57	74	37
	二	53	61	69	35	51	54	65	33
	三	48	53	60	32	45	48	57	30

注：表中的指标为各级下限。

6.3 繁殖性能等级评定

6.3.1 经产母羊繁殖性能等级划分

按表 3 内容评定。

表 3 经产母羊繁殖性能等级划分

等级	经产母羊平均胎产羔数/只
特等	≥2.5
一等	≥2.0
二等	≥1.7
三等	≥1.5

6.3.2 种公羊繁殖性能等级划分

按表 4 内容评定。

表 4 种公羊繁殖性能等级评定

等级	射精量/mL
特等	≥0.75
一等	≥0.70
二等	≥0.65
三等	≥0.60

6.4 综合评定

按表 5 内容综合评定。若有系谱资料，参考其父母等级，父母双方综合评定等级均高于本身等级两级者，可将等级提升一级。种羊投产后，其综合评定可参考其后代品质，后代综合评定等级高两级者，可将等级提升一级。

表 5 综合等级评定

体重、体尺		特级	一级	二级	三级
繁殖性能	特	特	一	一	二
	一	一	一	二	二
	二	一	二	二	三
	三	二	二	三	三

7 鉴定规则

7.1 根据本文件要求自行组织鉴定开展小组鉴定工作。

7.2 对周岁以上的种羊实行综合鉴定，根据外貌、体重、体尺、繁殖性能综合评定。鉴定 6 月龄种羊时，应根据外貌、体重、体尺综合评定。

7.3 种羊鉴定阶段划分为 6 月龄、周岁、成年 3 个阶段。

7.4 未达到三级标准的西州乌羊不应作为种用。

7.5 对外出售的种羊应在 6 月龄以上；综合评定等级，公羊≥二级，母羊≥三级；健康无病并附有种畜合格证；应符合 GB 16567 和《中华人民共和国畜牧法》要求。

ICS 65.040.10

B 92

备案号：41038—2014

DB50

重 庆 市 地 方 标 准

DB50/T 502—2013

大足黑山羊圈舍建设技术规范

2013-11-20 发布

2014-01-01 实施

重庆市质量技术监督局 发布

前　言

本文件按照 GB/T 1.1—2009《标准化工作导则　第 1 部分：标准的结构和编写》的规定起草。

请注意本文件的某些内容可能涉及专利。本文件的发布机构不承担识别专利的责任。

本文件由重庆市大足区畜牧兽医局提出并归口。

本文件起草单位：重庆市大足区畜牧兽医局、西南大学、重庆市大足区质量技术监督局、重庆腾达牧业有限公司。

本文件主要起草人：李周权、张家骅、郭礼刚、赵中权、王贤海、王建国、涂德华、宗红生、徐恢仲、康凯、王豪举、吴田兴。

大足黑山羊圈舍建设技术规范

1 范围

本文件规定了对大足黑山羊圈舍建设和配套设施建设的要求。

本文件适用于重庆市境内大足黑山羊的圈舍建设。

2 规范性引用文件

下列文件对于本文件的应用是必不可少的。凡是注日期的引用文件，仅所注日期的版本适用于本文件。凡是不注日期的引用文件，其最新版本（包括所有的修改单）适用于本文件。

GB 18596　畜禽养殖业污染物排放标准

GB/T 18407.3　农产品安全质量　无公害畜禽肉产地环境要求

NY 5027　无公害食品　畜禽饮用水水质

NY/T 1168　畜禽粪便无害化处理技术规范

DB50/T 384　大足黑山羊　疫病防治技术规范

动物防疫条件审查办法（2010年农业部令第7号）

3 术语和定义

下列术语和定义适用于本文件

3.1

净道　non-pollution road

健康羊群周转、饲养员行走、场内运送饲料的专用通道。

3.2

污道　pollution road

运送粪尿及其他废弃物出场的道路。

3.3

羊场废弃物　the waste in goat farm

主要包括山羊尸体及相关组织、垫料、变质饲料、过期兽药、残余疫（菌）苗、一次性使用的畜牧兽医器械及包装物、污染物、污水等。

4 羊场选址

4.1 场址用地

应充分考虑山羊的放牧和饲草、饲料条件。羊场建在地势高燥、背风向阳、排水和通风良好、易于组织防疫的地方。

4.2 安全间距

应符合《动物防疫条件审查办法》的规定。

4.3 水源、供电及交通

场址应水源充足，水质应符合NY 5027的要求，排水畅通，供电稳定可靠，交通便利，地质条件能满足工程建设要求。

5 羊场布局

5.1 功能布局

较大规模的羊场应划分生产区、管理区和生活区。一般生产区应位于办公、生活区全年主导风向的侧风处下风处，隔离羊舍和污水、粪便处理设施及病、死羊处理区设在生产区主风向的下风处或侧风处。生产区的净道和污道应分离。

5.2 羊舍朝向

以长轴东西方向，坐北朝南为宜，也可依地形而建。

5.3 羊舍间距

无舍外运动场时，相邻两栋长轴平行的羊舍间距≥8m；有舍外运动场时，相邻运动场栏杆的间距≥5m。

6 羊舍类型与建设要求

6.1 羊舍类型

以封闭式和半开放式为主，中高山地区以封闭式为宜，舍内羊床分单列或双列。封闭式羊舍四面有墙，墙上设窗户，舍外设露天运动场；半开放式羊舍与露天运动场相连，以围栏或矮墙将羊舍和运动场隔开。

6.2 羊舍建设要求

6.2.1 建筑材料

建筑架构宜采用砖木结构或混凝土预制结构；屋面采用隔热彩钢棚、水泥瓦、小青瓦。舍内采用高床漏缝地板，材质宜为竹、木或硬质塑料。舍内工作道路宜用混凝土、平整石块、条石路面。食槽采用木制、金属或砖混结构。前栅栏宜采用金属或木质材料。舍内地面和墙体宜采用耐酸碱和便于冲洗、消毒的建筑材料。场内道路和运动场宜用水泥、防滑砖或石块铺成。

6.2.2 圈舍面积

每只羊占圈面积，公羊≥6m²，怀孕前期母羊0.8m²～1m²，怀孕后期和哺乳期母羊1.1m²～1.8m²，羔羊0.4m²～0.5m²，育成羊0.6m²～0.8m²，育肥羊0.4m²～0.5m²。种羊舍应在羊圈后设≥1倍羊圈面积的运动场，种公羊的运动场墙高≥1.2m，种母羊≥1.0m。

6.2.3 羊舍高度

羊舍床面距屋檐垂直高度为1.8m～2.5m。

6.2.4 宽度与长度

双列式的宽度≥7.5m，单列式≥4.5m；长度可依据场地及羊的多少而定，以30m～50m为宜。

6.2.5 门窗

门高1.8m～2m，宽1m～3m，外开为宜；窗高0.6m～1m，宽1m～1.2m，窗间距不超过窗宽的2倍，窗距床面高度1m～1.2m。

6.2.6 工作道

工作道宽1.2m～1.5m。

6.3 舍内设施设备

6.3.1 漏缝地板

宜采用专用或自制漏缝地板。自制漏缝地板可采用宽度为2cm～3cm、结实耐用的木条或竹片，缝宽1.0cm～1.5cm。漏缝地板下的粪床坡面倾斜度≥25%。漏缝地板与粪床坡面最低处的垂直高度≥50cm。

6.3.2 食槽

内侧高20cm～25cm，外侧高30cm～50cm，底部内宽30cm，长度与羊圈相适应。

6.3.3 饮水设备

采用专用羊饮水器，也可用金属材料或砖混材料建成水槽。

6.3.4 栅栏

母羊舍高 0.8m～1.0m，公羊舍高 1.2m～1.4m，间距 8cm～10cm。

6.3.5 消毒设施

羊舍出入口设置消毒池或消毒垫。

7 其他设施

7.1 饲料房

按每只羊 80kg～100kg 粗饲料设计。

7.2 青贮设施

按每只羊 0.2m³～0.5m³ 设计。

7.3 药浴池

宜建砖混结构药浴池，深 1m～1.2m，长 3m～4m，宽 0.3m～0.5m（以 1 只羊能顺利通过而不能转身为宜）。

7.4 蓄水池

设在羊场上风向距羊舍较近处，砖混结构，蓄水量为每只羊≥20kg。

7.5 排水设施

实行雨污分流。可有组织地排放自然降水，用暗管排放污水并集中处理。排污沟设在粪床下，宽 20cm～25cm，深 5cm～50cm，向化粪池一方倾斜，排入化粪池作无害化处理。

7.6 堆粪场所和沼气池

设在羊舍下风向、地势低洼处或羊舍排粪尿沟下方，排污符合 GB 18596 的要求。羊粪储存场所要有防雨、防溢流措施。

7.7 兽医室和病羊舍

建在羊舍下风向 100m 以外的偏僻处，以避免疾病传播。

7.8 无害化处理设施

配备病害动物焚尸炉或化尸池等病死羊无害化处理设施，并符合 DB50/T 384 的规定。

7.9 场部办公室和职工宿舍

设在羊场大门口或羊场外地势较高的上风向处。羊场大门口旁设值班室，大门口设消毒室和消毒池。

_____

ICS 65.020.30
B 43
备案号：41041—2014

DB50

重 庆 市 地 方 标 准

DB50/T 509—2013

大足黑山羊繁殖技术规范

2013-11-20 发布
2014-01-01 实施

重庆市质量技术监督局 发布

前　言

本文件按照 GB/T 1.1—2009《标准化工作导则　第 1 部分：标准的结构和编写》的规定起草。

请注意本文件的某些内容可能涉及专利。本文件的发布机构不承担识别专利的责任。

本文件由重庆市大足区畜牧兽医局提出。

本文件由重庆市农业委员会归口。

本文件起草单位：重庆市大足区畜牧兽医局、西南大学、重庆市大足区质量技术监督局、重庆腾达牧业有限公司。

本文件主要起草人：徐恢仲、张家骅、郭礼刚、王贤海、王建国、赵中权、李周权、宗红生、王豪举、涂德华、康凯、吴田兴。

大足黑山羊繁殖技术规范

1 范围

本文件规定了大足黑山羊的适配生理指标、发情鉴定、配种方法、妊娠诊断和保胎助产等。

本文件适用于重庆市内大足黑山羊保种场及扩繁场。

2 规范性引用文件

下列文件对于本文件的应用是必不可少的。凡是注日期的引用文件，仅注日期的版本适用于本文件。凡是不注日期的引用文件，其最新版本（包括所有的修改单）适用于本文件。

DB50/T 385　大足黑山羊

DB50/T 386　大足黑山羊　种公羊饲养管理技术规范

3 术语和定义

DB50/T 386—2011 界定的以及下列术语和定义适用于本文件。为了便于使用，以下重复列出了 DB50/T 386—2011 中的某些术语和定义。

3.1

初情期　puberty

母羊初情期：指母羊生殖系统发育基本成熟，首次发情和排卵的时期。

公羊初情期：指公羊生殖系统发育基本成熟，首次释放出具有受精能力的精子，并表现出雄性性行为的时期。

3.2

初配年龄（配种适龄）　age of first mating

指母羊具有正常发情周期，体重不低于 14.5kg，开始第一次配种的年龄。

3.3

发情周期　estrous cycle

生产上指母羊从上次发情开始至下次发情开始，或上次发情结束至下次发情结束的间隔时期。

3.4

发情期（发情持续期）　duration of estrous period

母羊从出现发情征兆到发情结束的间隔时间。

3.5

人工授精　artificial insemination

用人工器械采集公羊的精液，经检查、处理合格后输入发情母羊生殖道的一种技术。

3.6

人工辅助交配　assited mating

在公、母羊分开饲养的条件下，母羊发情时，按既定的选种计划与指定公羊交配。

3.7

妊娠期　gestation period

从母羊配种到正常发育胎儿娩出的时期。

4 选配

4.1　公、母羊分群饲养，防止乱配。

4.2 初配年龄和体重，公羊 7 月龄～8 月龄，体重不低于 25kg，母羊 6 月龄，体重不低于 14.5kg。

4.3 公羊二级或优于二级，母羊三级或优于三级，相配的公羊等级应高于母羊。

4.4 利用年限，公羊 5 年～7 年，母羊 6 年～8 年。

4.5 交配的公、母羊至少三代无血缘关系，有遗传缺陷的公、母羊不得用于繁殖，纯繁应坚持同质选配。

5 发情鉴定

大足黑山羊发情持续期为 24h～72h。采用外部观察法、公羊试情法或阴道检查法鉴定。

5.1 外部观察法

主要观察母羊的行为特征和外生殖器官的变化。发情母羊表现呆立，强烈摆尾，鸣叫不安，吃草料量减少，阴唇红肿，阴户流出黏液。

5.2 公羊试情法

以放牧为主的母羊，每日出牧前或收牧后用试情公羊试情；舍饲母羊每日上午或下午运动时用试情公羊各试情 1 次。试情公羊应控系试情布。母羊接受公羊爬跨，可确定为发情。

5.3 阴道检查法

用开膣器打开阴道，检查其变化，若阴道黏膜潮红充血、黏液增多、子宫颈口松弛等，可判定为发情。

6 配种

大足黑山羊配种采用人工辅助交配或人工授精。

6.1 人工辅助交配

公、母比例为 1：（20～30）。公、母羊分开饲养，将发情后 12h～30h 的母羊牵至公羊饲养地或专门的配种室，采用本交的方式配种，根据需要复配 1 次。

6.2 人工授精

公、母比例为 1：（50～200），用人工器械采集精液，经检查、处理合格后输入到发情母羊生殖道内。

7 种公羊的合理利用

种公羊的合理利用符合 DB50/T 386 的要求。

8 妊娠诊断

生产上主要采用外部观察法。母羊配种后如怀孕，在预期的下一次发情期将不再发情。采食量和体重逐渐增加，毛色润泽，性情变得温顺，行为谨慎安稳，腹部逐渐增大。

9 保胎助产

9.1 配种后 1 周内使母羊处于安静状态，避免噪音和惊吓。

9.2 怀孕前期应保证母羊的营养供应，在母羊日粮中适当补充铜、锰、钴等微量元素；怀孕后期禁止驱赶母羊，防止母羊拥挤。

9.3 临产前 3d～7d，将母羊转入产房饲养，禁止剧烈运动。提前彻底打扫产房，严格消毒，铺上干燥、清洁的褥草。临产前准备碘酒、药棉、线绳、剪刀、毛巾、纱布等，助产人员应剪短、磨光指甲，手臂洗净消毒或戴上长臂橡胶手套。

9.4 观察母羊分娩进程，母羊卧下分娩时，让其左侧卧下，发现胎位和胎势异常时，应立即矫正和助产。

9.5 羔羊产出后，在距羔羊腹部 3cm～5cm 处剪断脐带，用碘酒消毒。排出羔羊口腔和鼻孔内的黏液，擦拭羊体，并让母羊舔食羔羊身上的黏液。

9.6 羔羊出生后，及时给母羊补充0.9%的食盐水。

10 档案记录

记录发情、精液品质、配种、分娩、产羔数等资料并存档。

———————

ICS 65.020.20
B 43
备案号：49968 — 2016

DB50

重 庆 市 地 方 标 准

DB50/T 670—2016

肉用山羊种公羊饲养
管理技术规范

2016-07-01 发布
2016-09-01 实施

重 庆 市 质 量 技 术 监 督 局 发布

前　言

本文件按照 GB/T 1.1—2009《标准化工作导则　第 1 部分：标准的结构和编写》的规定起草。

本文件由重庆市农业委员会提出并归口。

本文件起草单位：重庆市畜牧技术推广总站。

本文件主要起草人：张科、陈红跃、王华平、范首君、何国栋、张红梅、景开旺、张璐璐。

肉用山羊种公羊饲养管理技术规范

1 范围

本文件规定了肉用山羊种公羊的术语和定义和后备公羊的选留、引种及饲养，种公羊的饲养及鉴定、调教及配种，日常管理，投入品及卫生防疫，档案记录及保管等方面的技术要求。

本文件适用于肉用山羊种公羊的饲养管理。

2 规范性引用文件

下列文件对于本文件的应用是必不可少的。凡是注日期的引用文件，仅注日期的版本适用于本文件。凡是不注日期的引用文件，其最新版本（包括所有的修改单）适用于本文件。

GB 16567　种畜禽调运检疫技术规范

NY/T 816　肉羊饲养标准

NY/T 1168　畜禽粪便无害化处理技术规范

NY/T 1344　山羊用精饲料

NY 5027　无公害食品　畜禽饮用水水质

NY 5030　无公害食品　畜禽饲养兽药使用准则

NY 5032　无公害食品　畜禽饲料和饲料添加剂使用准则

NY 5149　无公害食品　肉羊饲养兽医防疫准则

NY/T 5151　无公害食品　肉羊饲养管理准则

DB50/T 268　优质肉山羊生产技术规程

3 术语和定义

下列定义和术语适用于本文件。

3.1

后备公羊　reserve ram

从羔羊断奶至初配前的公羊。

3.2

种公羊　stud ram

生产性能、生长发育和外貌特征符合种用要求，经过鉴定，用于配种的成年公羊。

4 后备公羊的选留、引种及饲养

4.1 选留

4.1.1 按照品种标准，结合性能测定和系谱资料选留后备公羊。

4.1.2 选留在断奶时进行，根据个体大小、体况等组建后备公羊基础群。

4.1.3 选留的后备公羊符合品种标准，生殖器官发育良好，无疾病和缺陷等。

4.2 引种

4.2.1 引入的后备公羊符合品种标准，系谱清楚，性能指标优良。

4.2.2 不可从疫区引入，引种执行 GB 16567 和 NY 5149 第 4.4 条的规定。

4.3 饲养

4.3.1 根据生长、体重等情况调整喂料量，营养成分执行 NY/T 816 第 5.2 条的规定。

4.3.2 采用配合饲料，补充青绿饲料和矿物质等。

5 种公羊的饲养及鉴定

5.1 配种期

5.1.1 根据个体体况或体重等调整喂料量，营养成分执行 NY/T 1344 第 3.1.5 条的规定。

5.1.2 每日补喂精料量为 0.25kg/只～0.5kg/只或体重 1%～1.5%，补充多汁青绿饲料 1.0kg～1.5kg。

5.1.3 配种期间，种公羊每日精料喂量可根据体重、精液品质等增减；配种高峰期，每日每只增喂鸡蛋 1 枚～2 枚、牛奶 50g。

5.1.4 配种结束后，种公羊精料暂不减量，半个月后再减少精料量，逐渐过渡到非配种期的饲养水平。

5.2 非配种期

5.2.1 常年维持中上等膘情，草料应多样，营养全面。

5.2.2 每日补喂干草 1.0kg/只～1.5kg/只、精料 0.15kg/只～0.25kg/只。

5.2.3 配种前 2 个月内每周检查精液 1 次～2 次，及时为精液质量差的种公羊调整日粮营养，补充蛋白饲料和胡萝卜，按配种期饲喂量的 60%～70%补给。

5.2.4 配种前 2 周，逐渐增加到配种期精料的饲喂量。

5.3 鉴定

5.3.1 按照品种标准，结合系谱资料、测定成绩开展种公羊等级鉴定工作。

5.3.2 精液颜色呈乳白色，略带腥味，精子活力 0.8 以上、密度中级以上、畸形率不超过 10%。

5.3.3 周岁鉴定合格且等级为一级以上的后备公羊，可留为种公羊使用。

5.3.4 特级种公羊在 2 周岁时复查鉴定，以确定其终生等级。

6 调教及配种

6.1 调教

6.1.1 后备公羊在 6 月龄～8 月龄开始调教。

6.1.2 调教时，宜选择发情稳定、比后备公羊体重轻的母羊。

6.1.3 调教过程由专人负责，要有耐心。

6.1.4 每日 1 次，每次时间不超过 1 小时。

6.2 配种

6.2.1 配种方式为自然交配或人工授精。

6.2.2 初配年龄由品种、年龄和体重等条件综合确定，地方品种在 6 月龄～8 月龄或体重 35kg～40kg，国外引入品种在 8 月龄～10 月龄或体重 40kg～50kg。

6.2.3 配种宜在早晚进行，日配 1 次的宜在早饲后 1 小时进行；日配 2 次时，早晚各 1 次，宜在早饲后 1 小时和晚饲前 1 小时进行。

6.2.4 配种后不可立即饮水、洗浴或饲喂。自然交配和人工授精的利用强度见表 1。

表 1 种公羊自然交配和人工授精的利用强度表

使用方法	周岁内	1 周岁～2 周岁	2 周岁～5 周岁
自然交配	每周 1 次～2 次	每周 3 次～4 次，隔日休息	每周 4 次～6 次，连续 4 天～5 天，休息 1 天
人工授精	每周 1 次～2 次	每天 1 次	每天 2 次～3 次，每次间隔 2 小时

7 日常管理

7.1 出生 1 周内打耳识标记。

7.2 指定专人定时保证种公羊的喂料和饮水，合理调整每日饲喂量。

7.3 每日定时梳刷 1 次，每月定期浴蹄和修蹄，防止发生皮肤病和蹄病。

7.4 每天定时打扫羊舍，保证料槽、水槽干净，及时清除粪便。

7.5 圈舍保持冬暖夏凉，做好通风换气工作，清洁干燥。

7.6 选择高效、安全的抗寄生虫药，春、秋两季定时驱虫和药浴。

7.7 定期检查健康状况，发现异常及时处理，记录治疗情况。

7.8 不可饲养其他动物，避免发生交叉感染。

7.9 根据利用年限和品种标准淘汰种公羊，利用年限不可超过 5 年，淘汰的种公羊阉割饲养 3 个月以上可作肉用。

7.10 种公羊出场质量符合品种标准，年龄宜在 1 周岁以上，综合鉴定等级为一级以上，附有种公羊出场合格证和检疫合格证。

7.11 饲养密度用每只羊占有的圈舍和运动场面积表示，各类羊的饲养密度见表 2。

表 2 各类羊只饲养密度

羊群类别	圈舍面积/（m²/只）	运动场面积/（m²/只）	饲养数/（只/圈）
后备公羊	2.0～4.0	4.0～8.0	3～5
种公羊	4.0～6.0	8.0～12.0	1

8 投入品及卫生防疫

8.1 投入品

8.1.1 兽药使用参照 NY 5030 第 4 章的规定执行。

8.1.2 饲料和饲料添加剂的使用参照 NY 5032 第 4 章和 NY/T 1344 第 3.2 条的规定执行。

8.1.3 保证水源清洁充足，饮水参照 NY 5027 第 3 章的规定执行。

8.2 卫生防疫

8.2.1 场内消毒参照 NY/T 5151 第 7 章的规定执行。

8.2.2 羊群防疫、疫病控制及监测分别执行 NY 5149 第 4 章、第 5 章和第 7 章的规定。

8.2.3 羊场粪污无害化处理执行 NY/T 1168 第 9 章的规定。

8.2.4 环境控制及运输参照 DB50/T 268 第 9 章和第 11 章的规定执行。

9 档案记录和保管

9.1 建立记录档案

9.1.1 专人负责做好种公羊的来源、系谱档案和生产性能等资料记录。

9.1.2 日常记录，包括引入、配种、转群、增重、销售等。

9.1.3 选育记录，包括选育的方案、目标和方法等。

9.1.4 饲料记录，包括草料来源、饲草用量、饲料加工、保管发放和各种添加剂等的使用情况。

9.1.5 防疫记录，包括免疫、消毒、诊疗、用药、愈后、无害化处理等。

9.1.6 出场记录，包括时间、原因、去向等。

9.2 记录整理保存

9.2.1 所有记录要准确、可靠、完整，至少保留 3 年以上。

9.2.2 定期整理、分析各种记录，为羊群管理和羊场管理提供建议。

ICS 65.020.30

B 43

DB50

重 庆 市 地 方 标 准

DB50/T 671—2016

渝东黑山羊种母羊饲养
管理技术规范

2016-07-01 发布

2016-09-01 实施

重庆市质量技术监督局 发布

前　言

本文件按照 GB/T 1.1—2009《标准化工作导则　第 1 部分：标准的结构和编写》的规定起草。

本文件由重庆市农业委员会提出并归口。

本文件起草单位：重庆市畜牧技术推广总站。

本文件主要起草人：张璐璐、李发玉、景开旺、凌虹、朱燕、尹权为、石海桥。

渝东黑山羊种母羊饲养管理技术规范

1 范围

本文件规定了渝东黑山羊种母羊饲养管理的术语和定义，圈舍建造、饲养、管理、卫生防疫、养殖档案的技术要求。

本文件适用于重庆市饲养渝东黑山羊种母羊的养殖场（户）。

2 规范性引用文件

下列文件对于本文件的应用是必不可少的。凡是注日期的引用文件，仅注日期的版本适用于本文件。凡是不注日期的引用文件，其最新版本（包括所有的修改单）适用于本文件。

GB 16548　病害动物和病害动物产品生物安全处理规程

NY 5027　无公害食品　畜禽饮用水水质

NY 5149　无公害食品　肉羊饲养兽医防疫准则

NY 5151　无公害食品　肉羊饲养管理准则

DB50/T 352　渝东黑山羊

3 术语和定义

下列术语和定义适用于本文件。

3.1

渝东黑山羊　Yudong Black goat

全身被毛黑色，体格中等，符合 DB50/T 352 的要求。

3.2

渝东黑山羊种母羊　breeding ewe of Yudong Black goat

达到性成熟，符合 DB50/T 352 种用要求的母羊。

3.3

空怀期　barren period

能繁母羊断奶到再次配种的间隔期。

3.4

妊娠前期　early pregnancy

能繁母羊受孕后，妊娠的前 3 个月。

3.5

妊娠后期　late pregnancy

能繁母羊受孕后，妊娠的最后 2 个月。

3.6

哺乳期　lactation

能繁母羊用乳汁喂养羔羊的时期，分娩后 2 个月～3 个月。

3.7

青饲料　green feed

指可以用作饲料的植物新鲜茎叶，富含叶绿素。

3.8

青贮饲料　silage

指将新鲜青饲料切碎后贮存于密封空间内，在缺氧的条件下，通过微生物发酵得到的一种粗饲料。

3.9

粗饲料　roughage forage

指天然水分含量＜60％，干物质中粗纤维含量≥18％，以风干物形式饲喂的饲料。如农作物秸秆等。

3.10

精料补充料　concentrate supplement

指为了给以粗饲料、青饲料、青贮饲料为基础饲料的山羊补充营养，用多种饲料原料按一定比例配制的配合饲料。主要由能量饲料、蛋白质饲料、矿物质饲料和部分饲料添加剂组成。

3.11

舔砖　lick brick

供山羊舔食的一种以食盐为主，富含矿物元素的复合添加剂，经科学配制加工成块状，形状不一，有圆柱形、长方形、方形等。

4　圈舍建造

4.1　羊舍

高海拔或寒冷地区宜采用封闭式羊舍；低海拔或温暖地区宜采用半封闭式羊舍。与公羊圈舍分隔。

4.2　羊床

采用高床漏缝床面，羊床面离地高度≥80cm，宜用宽 3cm、厚 4cm 的木条、竹条等材料搭建床面，漏粪缝隙宽 2.0cm～2.2cm。

4.3　圈舍面积

空怀母羊圈舍面积 $1.0m^2$/只～$1.2m^2$/只，妊娠及哺乳母羊 $1.5m^2$/只。

4.4　护栏

可选用结实的木栅栏或铁栅栏，母羊圈栏高≥1.2 m。

4.5　运动场

在全舍饲条件下宜建运动场。运动场面积≥$2m^2$/只，地面铺设透水砖或水泥粗沙。

5　饲养

5.1　饲养方式

一般采用全舍饲方式，具备放牧条件的，采用"舍饲＋放牧"方式。

5.2　饲料和饮用水

5.2.1　饲喂原则

饲料应清洁卫生、精粗搭配，变换饲料应遵循逐步过渡的原则。将青饲料、粗饲料、精料补充料拌和饲喂。圈舍内应放置舔砖。

5.2.2　饮用水

水质应符合 NY 5027 的规定，饮水设备应定期清洗、消毒。

5.3　空怀期饲养

在全舍饲条件下，配种前 1 个月～1.5 个月应根据母羊体况合理饲养，提高受胎率。让膘情过肥的加强运动；对膘情较差的实行短期优饲，主要补充玉米等能量饲料，使母羊发情整齐、产羔集中。在"舍饲＋放牧"条件下，青草充足时可不补饲。

5.4 妊娠期饲养

5.4.1 妊娠前期饲养

所需营养与空怀期相同。在"舍饲＋放牧"条件下，青草季节不用补饲；进入枯草季节，放牧不饱时再补些粗饲料，保持良好膘情。避免吃霜草、霉烂饲料，防止早期流产。

5.4.2 妊娠后期饲养

营养全价，给予补饲。在全舍饲条件下，在妊娠前期的基础上，能量饲料提高 20％～30％，可消化蛋白质提高 40％～60％。在"舍饲＋放牧"条件下，妊娠的最后 5 周～6 周，怀孕母羊在维持饲养的基础上增加日粮 11％～25％。

5.5 哺乳期饲养

5.5.1 哺乳前期饲养

在全舍饲条件下，饲喂高于饲养标准 10％～15％的日粮。在"舍饲＋放牧"条件下，放牧满足不了营养需要，产后 2 个月以内，为产单羔的每只母羊补饲精料 0.3kg/d～0.5kg/d、优质干草 0.5kg/d、多汁饲料 1.5kg/d；为产双羔的每只母羊补饲精料 0.5kg/d～0.7kg/d、优质干草 1.0kg/d、多汁饲料 1.5kg/d。

5.5.2 哺乳后期饲养

在全舍饲条件下，可逐渐取消精料补饲。在"舍饲＋放牧"条件下，母羊放牧采食，酌情减少补饲，减至 0.2kg/d～0.4kg/d；每 100kg 精料加入食盐 1kg，补优质干草 2kg/d～2.5kg/d。断奶前 1 周，减少多汁饲料、青贮料和精料喂量，防止出现乳腺炎。

5.6 哺乳羔羊饲养

使羔羊尽早吃好、吃饱初乳。将羔羊放到母羊乳房前，引导羔羊吃奶。若母羊瘦弱或一胎多羔而奶水不足，应找保姆羊代哺或采用人工哺乳。加强补饲，适时断乳。羔羊每 1h～2h 要吃奶 1 次，出生后 1 周内应让羔羊和母羊合饲，增进母子的感情。断奶时应一次性隔开母羊，以母子听不到相互叫声为度。

6 管理

6.1 母羊妊娠期管理

6.1.1 母羊管理

放牧时要稳走、慢赶、不追、不打、不惊吓、不跳沟壕。进、出圈不赶，防止拥挤。产前 5d～10d 至运动场内活动。运动场地势要平，羊舍内要保暖。防止流产，促进顺产。孕期按 NY 5149 规定注射疫苗。

6.1.2 母羊临产特征

起卧不安，乳房膨大，挤时有少量奶溢出。外阴红肿，时有黏稠液流出。行动困难，排尿次数增多，回顾腹部，卧地不起，四肢伸直，呻吟，努责。羊膜露出外阴部时即将产羔。

6.2 产羔管理

6.2.1 产羔前准备

产羔前 10d～15d 准备圈舍；前 3d～5d 用 3％～5％的碱水或 10％～20％的石灰乳溶液为圈舍、饲草架、饲槽、分娩栏等消毒。做到地面干燥、清洁，室内挡风、御寒。羊群的补饲草料、食盐、剪刀及消毒药品都要事先准备好。

6.2.2 新生羔羊护理

6.2.2.1 羔羊接生

羔羊产出后立即将口、鼻内黏液掏净，让母羊舔去羔羊体表黏液。将脐带中的血液向羔羊腹部挤压，距羔羊体 3cm～4cm 处剪断脐带，断端涂 5％的碘酊。母羊体弱、阴道狭窄、胎儿过大等引起难产时，及时助产。羔羊出现假死时应及时救助，对羔羊进行人工呼吸，提起后肢，用手拍打背胸部，排除喉中黏液，使其复苏。若因受冻假死，及时进行温水浴，水温由 38℃逐渐上升到 45℃，洗

20min～30min，进行人工呼吸，浴后擦干羔羊体。

6.2.2.2 羔羊护理

产出羔羊立即称重，打好标记，填写有关记录。注意保暖、防潮、避风、防雨淋，预防感冒、肺炎、痢疾等疫病。舍内保持安静、干燥、清洁，常换垫草。

6.2.3 产后母羊护理

产后注意保暖、防潮，预防感冒，使母羊安静休息。产后 1d～2d 母羊不喂营养高的精料，产后1h，给母羊喂适量温水，一般为 1 L～1.5 L。对补饲量较大或体况较好的母羊在产羔期稍减精料，以后逐渐增加多汁饲料，防止出现乳腺炎。

6.3 哺乳期管理

保证饮水充足，打扫圈舍，保持清洁、卫生并定期消毒，按 NY 5151 的规定执行。冬季采取保暖措施。

7 卫生防疫

7.1 人员

场内工作人员应定期进行健康检查，有人畜共患传染病者不得从事饲养管理工作。饲养人员分工明确，临时调整岗位需更衣并经严格消毒才可进入羊场。不应经常外出，不互相串羊舍，如有外出，回场时应及时消毒。场内兽医人员不应对外诊疗其他动物的疾病，配种人员不应对外开展动物的配种工作。羊场应避免外来人员参观。非生产人员、车辆和物品进入羊场，需经严格消毒。

7.2 消毒

为圈舍、用具及羊定期消毒。羊舍地面每月消毒 1 次～2 次。

7.3 驱虫、药浴

选择高效、安全的抗寄生虫药定期为羊驱虫、药浴。

7.4 灭鼠除害

定期灭鼠和驱除蚊蝇。

7.5 防疫要求

7.5.1 接种免疫

坚持"预防为主"的原则，结合当地实情开展预防接种工作，选择合适的疫苗、免疫程序和免疫方法。防疫应符合 NY 5149 的规定，可根据抗体检测水平确定是否再次开展免疫工作。

7.5.2 防止疾病引入

引进羊时，业主应在 24h 内向当地动物卫生监督所或乡（镇）畜牧兽医站、动物卫生监督分所报告。引入羊在隔离场所经隔离观察合格后，方可分销或混群饲养，业主需做好隔离观察的记录、记载。

7.5.3 疫情暴发

发生重大疫情时应立即封锁现场，并及时向当地动物防疫监督机构报告和送病样检测。确诊为重大疫情后，羊群应按国家规定处置，场内进行彻底清洗、消毒，病死羊及其污染物按 GB 16548 进行无害化处理。

7.5.4 疫苗存放

羊场应有冰箱等保存疫苗的设备，按使用说明书的要求正确保存和使用疫苗。

8 养殖档案

8.1 种用档案

记录系谱及鉴定资料、来源和进出场日期以及配种和母羊产仔、标识的情况。

8.2 投入品档案

记录兽药、饲料、饲料添加剂等投入品的来源、名称、使用对象、时间和用量等有关情况。

8.3 防疫档案

记录检疫、免疫、监测、消毒情况及发病、诊疗、死亡和无害化处理情况。

8.4 档案保存

种母羊个体淘汰或死亡后，其相关记录保存 2 年以上；种用、防疫档案长期保存。

_____

ICS 65.020.30
B 43

DB50

重 庆 市 地 方 标 准

DB50/T 352—2019

代替DB50/T 352—2010

渝东黑山羊

2019-05-30 发布

2019-09-01 实施

重庆市市场监督管理局 发布

前　言

本文件按照 GB/T 1.1—2009《标准化工作导则　第 1 部分：标准的结构和编写》的规定起草。

本文件代替 DB50/T 352—2010《渝东黑山羊》，与 DB50/T 352—2010 相比，主要技术变化如下：

——修改了规范性引用文件；

——减少了术语和定义；

——外貌特征按部位分别表述；

——删除了体重、体尺等级评定表中 2 月龄的数值；

——修改了鉴定规则；

——修正了部分语句和格式的表述形式。

本文件由重庆市农业农村委员会提出并归口。

本文件起草单位：重庆市畜牧技术推广总站、涪陵区畜牧兽医局。

本文件主要起草人：张璐璐、李发玉、景开旺、王永康、谭香胜、张科、凌虹、朱燕、尹权为。

本文件的历次版本发布情况为：

——DB50/T 352—2010。

渝东黑山羊

1 范围

本文件规定了渝东黑山羊的术语和定义、品种标准、分级标准和鉴定规则。

本文件适用于渝东黑山羊的品种鉴定、等级评定和种羊出售。

2 规范性引用文件

下列文件对于本文件的应用是必不可少的。凡是注日期的引用文件，仅注日期的版本适用于本文件。凡是不注日期的引用文件，其最新版本（包括所有的修改单）适用于本文件。

NY/T 2843—2015 动物及动物产品运输兽医卫生规范

3 术语和定义

下列术语和定义适用于本文件。

3.1

产羔率 lambing percentage

指分娩母羊年产羔总数占分娩母羊总数的百分比。

3.2

屠宰率 slaughter ratio

指胴体重占屠宰前活重（停食 24h 后体重）的百分比。

3.3

净肉率 neat percentage

指胴体去骨后的净肉重占屠宰前活重的百分比。

3.4

板皮面积 goatskin area

指板皮长（即板皮颈部中心点至尾根的直线距离）与板皮宽（即板皮两边中心点间的直线距离）的乘积。

3.5

眼肌面积 loineye area

指第 12 根肋骨与第 13 根肋骨之间背最长肌的横切面积。

4 品种标准

4.1 分布与特性

渝东黑山羊原产于重庆市的涪陵区、武隆区和丰都县，黔江区、酉阳土家族苗族自治县、彭水苗族土家族自治县等地也有分布。具有攀登山坡能力强、采食力强、耐粗饲、抗病力强、适应性好、易管理等特点和生长发育较快、繁殖力较高、屠宰率高、肉质细嫩、板皮品质优等特性。

4.2 外貌特征

4.2.1 头部与颈部

头中等大小，鼻梁平直，两耳外向直立，大多数公、母羊有角、有胡须。公羊角粗大，略扁，呈镰刀状，略向后外侧扭转；母羊角较小，多向后上方竖立或向后下方弯曲。颈较粗。

4.2.2 体躯与腹部

体质结实，结构紧凑、匀称，体格中等。背腰平直，胸较宽深，尻部稍有倾斜。

4.2.3 四肢

粗短强健。蹄直立下踏，行动灵活，蹄质坚实，蹄叉紧，略呈半椭圆形。

4.2.4 皮肤与被毛

全身被毛黑色，富有光泽，成年公羊被毛较粗长，母羊被毛较短。尾短直立，呈等腰三角形。

4.2.5 性器官

母羊乳房呈梨形，乳头中等大小。公羊睾丸发达，略扁，呈袋状。

4.3 生产性能

4.3.1 生长发育

在正常饲养条件下，初生重公羔≥1.6kg，母羔≥1.5kg；周岁体重公羊≥22.0kg，母羊≥18.0kg；成年体重公羊≥31.0kg，母羊≥28.0kg。

4.3.2 产肉性能

在正常饲养条件下，屠宰率成年公羊≥45.5％，成年母羊≥45.3％；净肉率成年公羊≥36.5％，成年母羊≥34.9％；眼肌面积≥14.5cm²。

4.3.3 繁殖性能

性成熟年龄公羊5月龄～7月龄，母羊4月龄～6月龄。初配年龄公羊7月龄～8月龄，母羊6月龄～7月龄。发情周期18d～21d，发情持续期2d～3d，妊娠期148d～152d。产羔率初产母羊≥136.0％，经产母羊≥198.0％。利用年限公羊4年～6年，母羊6年～8年。

4.4 板皮品质

6月龄～8月龄羊屠宰，板皮面积≥4 900cm²；成年羊屠宰，板皮面积≥6 000cm²。板面平整、厚度均匀、质地紧密、富有弹性，皮张质地结实、致密度高、抗张力强。

5 分级标准

5.1 等级评定依据

在体型、外貌符合品种特征的前提下，主要以体重、体尺和繁殖性能作为等级评定依据。

5.2 体重、体尺等级评定

遵照附录A的方法测定，按表1评定体重、体尺等级。

表1 体重、体尺等级评定表

年龄	等级	公羊				母羊			
		体高/cm	体长/cm	胸围/cm	体重/kg	体高/cm	体长/cm	胸围/cm	体重/kg
6月龄	特	51	53	61	21	48	51	58	19
	一	46	48	56	19	45	47	54	17
	二	44	46	54	17	43	45	52	16
	三	42	44	52	16	41	42	50	15
周岁	特	57	61	70	37	54	58	68	33
	一	52	56	62	33	46	54	63	24
	二	48	52	58	27	43	50	58	20
	三	46	49	56	22	40	46	50	18
成年	特	68	75	81	42	62	69	79	37
	一	59	67	74	38	54	58	72	33
	二	53	62	67	35	50	55	65	30
	三	48	54	60	31	45	48	56	28
注：表中的指标为各级下限，成年羊评定时间标准为24月龄。									

5.3 繁殖性能等级评定

5.3.1 种母羊繁殖性能

按表2评定母羊繁殖性能等级。

表2 种母羊繁殖性能等级评定表

等级	平均胎产羔数/只
特等	≥2.5
一等	≥2.0
二等	≥1.7
三等	≥1.5

5.3.2 种公羊繁殖性能

按表3评定公羊繁殖性能等级。

表3 种公羊繁殖性能等级评定表

等级	平均射精量/mL
特等	≥0.75
一等	≥0.70
二等	≥0.65
三等	≥0.60

5.4 综合评定

按表4进行综合评定。若有系谱资料，参考其父母等级，父母双方综合评定等级均高于本身等级两级者，可将等级提升一级。种羊投产后，其综合评定可参考其后代品质，后代综合评定等级高于本身等级两级者，可将等级提升一级。

表4 综合等级评定表

体重、体尺		特级	一级	二级	三级
繁殖性能	特	特	一	一	二
	一	一	一	二	二
	二	一	二	二	三
	三	二	二	三	三

6 鉴定规则

6.1 鉴定人员

根据本文件要求自行组织鉴定小组开展鉴定工作。

6.2 鉴定方法

实行综合鉴定，根据外貌、体重、体尺、繁殖性能进行综合评定。鉴定6月龄种羊时，根据外貌、体重、体尺进行综合评定。

6.3 鉴定阶段

分为6月龄、1周岁、成年3个阶段。

6.4 注意事项

未达到三级标准的渝东黑山羊为等外级，不应作为种用。

6.5 种羊出售

应在6月龄以上，且依据其分级标准，公羊≥二级，母羊≥三级，健康无病并附有种畜合格证。符合 NY/T 2843—2015 的要求。

附 录 A
（规范性）
体重、体尺的测定方法

A.1 测量用具

A.1.1 测量体重用台秤或杆秤。

A.1.2 测量体高用测杖。

A.1.3 测量体长用直尺。

A.1.4 测量胸围用软尺。

A.2 测量要求

A.2.1 羊的姿势

测量体尺时，让羊端正地站在平坦的地面上，前、后肢均处于一条直线上，头自然向前抬望。

A.3 测量部位

A.3.1 体重

在早晨空腹时进行，使用以千克（kg）为计量单位的台秤或杆秤称重。

A.3.2 体高

鬐甲最高处至地面的垂直距离。

A.3.3 体长

用直尺测定肩甲前缘到坐骨结节的直线距离。

A.3.4 胸围

用软尺测定鬐甲后缘绕颈前胸部的周径。

ICS 65.020.30
B 43

DB50

重 庆 市 地 方 标 准

DB50/T 998—2020

肉用山羊种公羊引种技术规范

2020-05-15 发布   2020-08-15 实施

重庆市市场监督管理局 发布

前　言

本文件按照 GB/T 1.1—2009《标准化工作导则　第 1 部分：标准的结构和编写》的规定起草。

本文件由重庆市农业农村委员会提出并归口。

本文件起草单位：重庆市畜牧技术推广总站。

本文件主要起草人：张科、康雷、李发玉、李晓波、张璐璐、朱燕、王源、胡俊、凌虹、刘昌良。

肉用山羊种公羊引种技术规范

1 范围

本文件规定了肉用山羊种公羊引种的术语和定义，引种准备、种羊选择、种羊运输、隔离饲养、转场、病死羊处理等要求。

本文件适用于羊场种公羊引进。

2 规范性引用文件

下列文件对于本文件的应用是必不可少的。凡是注日期的引用文件，仅注日期的版本适用于本文件。凡是不注日期的引用文件，其最新版本（包括所有的修改单）适用于本文件。

GB 20557—2006　山羊冷冻精液

NY/T 3186—2018　羊冷冻精液生产技术规程

病死及病害动物无害化处理技术规范（农医发〔2017〕25 号）

3 术语和定义

下列定义和术语适用于本文件。

3.1

精子活力　sperm motility

在 37℃下呈直线前进运动的精子占总精子数的百分率。

［来源：GB 20557—2006，3.2］

3.2

精子密度　sperm concentration

单位体积精液中的精子数，单位为 10^8 个每毫升。

［来源：NY/T 3186—2018，3.3］

3.3

精子畸形率　abnormal sperm percentage

畸形精子占总精子数的百分率。

［来源：GB 20557—2006，3.3］

4 引种准备

4.1　应符合当地养羊生产发展和山羊品种改良的要求，根据羊场的生产方向和生产条件确定引进品种和数量，引进的种公羊具有优良的生产性能、较强的适应性和抗逆力。

4.2　引进的种公羊有种畜禽合格证和动物检疫合格证明，跨省引进的应配备在有效期内的跨省引进乳用种用动物检疫审批表。

4.3　供种场应提供当地畜牧兽医部门出具的近 6 个月疫情监测报告。

4.4　引种方应查看供种场种羊的强制免疫档案记录记载情况。

4.5　在引种前规定时间内对规定疫病进行检测，结果应符合国家规定。

4.6　引种前应注意引入地与供种地的季节差异，避开严寒、酷暑和雨季，选择气候适宜的天气起运，夏季运输注意降温，冬季运输注意保暖。

4.7　引种前充分调查供种场的饲养方式、饲草饲料及气候等环境条件，调整种羊运输前与运达后的饲养管理措施。

4.8 对引进隔离场所和圈舍进行清洗、消毒。

4.9 准备饲草料和抗应激药品等。

4.10 配备兽医和经验丰富的专职饲养人员。

5 种羊选择

5.1 引种要求

5.1.1 在具有种畜禽生产经营许可证和动物防疫条件合格证的种羊场引种，种羊场应提供种羊生产性能等完整的系谱资料。

5.1.2 仔细了解和观察种羊群体和个体的精神状况、运动状态、采食状况及粪便状况等。

5.1.3 检查种公羊的生殖器官发育等情况，选择睾丸对称饱满、出生体重在同胞中较重、生长速度较快的个体；避免选择具有单睾、隐睾、阴囊疝等遗传缺陷的后代。

5.1.4 选择种羊等级在一级及以上，12 月龄～24 月龄，体况强壮，性欲旺盛的个体。

5.2 精液品质检查

5.2.1 外观检查

检查精液外观时，用肉眼观察。正常精液颜色为乳白色或淡黄色，呈云雾状，有异样颜色的精液应舍弃。

5.2.2 气味检查

检查精液气味时，用鼻嗅辨别气味。正常精液无味或略有腥味，有腥臭味的精液应舍弃。

5.2.3 显微镜检查

5.2.3.1 精子活力

精子活力检查按 GB 20557—2006 中 A.3 的规定执行。

5.2.3.2 精子密度

精子密度测定按 NY/T 3186—2018 中 6.2.3 的规定执行。

5.2.3.3 精子畸形率

精子畸形率检查按 GB 20557—2006 中 A.5 的规定执行。

5.2.3.4 细菌菌落数

细菌菌落数检查按 GB 20557—2006 中 A.6 的规定执行。

5.2.4 新鲜精液合格要求

结合外观、气味和显微镜检查精液品质的结果，宜选择单次采精量在 0.8mL 以上，呈乳白色或淡黄色，精子活力≥65%，精子密度≥$6×10^8$ 个/mL，精子畸形率≤15%，细菌菌落数≤800 个的精液。

5.2.5 记录

清晰、准确地记录公羊精液的外观、气味、活力、密度、畸形率及细菌菌落数等内容，并填写公羊精液品质检查记录表（见附录 A）。

6 种羊运输

6.1 运输前

6.1.1 起运前 15d～30d，调出公羊在供种场接受检疫。

6.1.2 起运前 7d 内要详细查阅供种地和引入地的天气情况，遇雨雪、烈日天气或发生自然灾害、突发事件，宜停运。

6.1.3 供种场应在运输前 8h～10h 停止投喂草料，赶羊上车时不能太急，装羊结束后应固定好车门。

6.1.4 取得当地动物检疫部门出具的检疫合格证后才可起运。

6.1.5 运载工具按照规定消毒，并取得运载工具消毒证明。

6.1.6 长途运输前要采取抗应激措施，减少公羊的应激反应。

6.2 运输中

6.2.1 装载公羊的数量不宜过多，运输车厢内应隔成单栏，占用面积为 $1m^2/只～1.5m^2/只$。

6.2.2 途中随时密切观察公羊状态，注意供水、补料和降温，避免发生异常情况。

6.2.3 按交通规定行驶，车速不宜超过 70km/h，转弯和停车均先减速，注意保持匀速运行，避免突发情况。

7 隔离饲养

7.1 种羊达到引种地后应立即送入隔离场所，隔离观察 30d，对有应激反应的个体采取抗应激措施。

7.2 进场第 1 天不喂精料，补充饮水、青草料，饮水中投喂维生素 C、电解多维等药物。

7.3 进场第 2 天开始喂料，所用饲料为供种场的饲草料，之后逐步替换为引入场的饲草料。

7.4 隔离期间不可外出放牧。

8 转场

隔离饲养期满后，经兽医诊断、检查，确定健康、无病并驱虫，方可转入生产场作繁殖使用。

9 病死羊处理

按《病死及病害动物无害化处理技术规范》的要求，对病死羊进行无害化处理。

附 录 A

（资料性）

公羊精液品质检查记录表

表 A.1 公羊精液品质检查记录表

公羊号	品种	采精时间	采精次数	检查日期	外观	气味	精液量/mL	精液活力/%	精液密度/(10^8 个/mL)	精液畸形率/%	细菌菌落数/(CFU/mL)	记录人	备注

ICS 65.020.30
B 43

DB50

重 庆 市 地 方 标 准

DB50/T 999—2020

渝东黑山羊繁育技术规程

2020-05-15 发布   2020-08-15 实施

重庆市市场监督管理局   发布

前　言

本文件按照 GB/T 1.1—2009《标准化工作导则　第 1 部分：标准的结构和编写》的规定起草。

本文件由重庆市农业农村委员会提出并归口。

本文件起草单位：重庆市畜牧技术推广总站。

本文件主要起草人：康雷、张科、李发玉、李晓波、张璐璐、朱燕、胡俊、王源。

渝东黑山羊繁育技术规程

1 范围

本文件规定了渝东黑山羊繁育的术语和定义，人工授精、选种、选配及种羊管理等要求。

本文件适用于饲养渝东黑山羊的种羊场和自繁、自养的羊场。

2 规范性引用文件

下列文件对于本文件的应用是必不可少的。凡是注日期的引用文件，仅注日期的版本适用于本文件。凡是不注日期的引用文件，其最新版本（包括所有的修改单）适用于本文件。

GB 20557—2006 山羊冷冻精液

NY/T 3186—2018 羊冷冻精液生产技术规程

DB50/T 352—2019 渝东黑山羊

3 术语和定义

下列定义和术语适用于本文件。

3.1

人工授精 artificial insemination

人工授精指通过非性交方式将精子置于雌性生殖道内，以期精、卵自然结合，达到怀孕目的的一种辅助繁殖技术。

3.2

选种 seed selection

主要根据父、母系表现结合表型选择法，选出生产性能高、品质好、体格健壮的优良个体，扩大繁殖，达到提纯复壮的目的。

3.3

选配 match

根据母羊个体的综合特征，为其选择最合适的种公羊配种，以获得较为优良的后代。

3.4

精子活力 sperm motility

在37℃下呈直线前进运动的精子占总精子数的百分率。

［来源：GB 20557—2006，3.2］

3.5

精子密度 sperm concentration

单位体积精液中的精子数；单位为 10^8 个每毫升。

［来源：NY/T 3186—2018，3.3］

3.6

精子畸形率 abnormal sperm percentage

畸形精子占总精子数的百分率。

［来源：GB 20557—2006，3.3］

4 人工授精

4.1 设施配置

羊场配置的人工授精室可分为采精室、精液处理室和输精室，室内温度宜保持在 20℃ 左右。

4.2 种公羊调教

4.2.1 初配公羊应预先加以调教，可用假阴道训练采精或观摩人工采精，还可将发情母羊的阴道分泌物抹在公羊鼻尖上刺激性欲。

4.2.2 每日按摩公羊睾丸 1 次，每次 10min～15 min。

4.2.3 定期剪短包皮周围长毛，采精前清洗公羊包皮。

4.3 假阴道准备

4.3.1 先将假阴道装好，加入 50℃～55℃ 的水 150 mL～180 mL。

4.3.2 用已消毒玻璃棒沾上凡士林，均匀涂在假阴道内壁前 1/2～1/3 处。

4.3.3 从活塞孔吹入适量的气，使假阴道内腔保持一定的压力。一般假阴道采精口形成三角形为宜。

4.3.4 用消过毒的温度计插入测试假阴道温度，温度宜保持在 38℃～42℃。

4.4 采精

4.4.1 选出健康母羊做台羊，用湿毛巾把公羊包皮擦干净，采精员蹲在母羊右侧后方，右手横握假阴道，使其与地面角度呈 35°～45°，并用食指、中指夹好集精瓶，假阴道活塞应朝向手心。

4.4.2 公羊爬跨母羊并伸出阴茎时，采精员应动作敏捷，左手轻握阴茎包皮，右手将假阴道斜向公羊阴茎，使之自然导入。

4.4.3 射精完毕后，迅速把集精瓶一端向下倾斜，竖立起来，取下集精瓶并盖好玻璃盖，迅速送到精液处理室，准备检查。

4.4.4 精液采集后应尽快稀释，放置时间不宜超过 15 min。

4.5 精液品质检查

4.5.1 外观检查

检查精液外观时，用肉眼观察。正常精液颜色为乳白色或淡黄色，呈云雾状，有异样颜色的精液应舍弃。

4.5.2 气味检查

检查精液气味时，用鼻嗅辨别气味。正常精液无味或略有腥味，有腥臭味的精液应舍弃。

4.5.3 显微镜检查

4.5.3.1 精子活力

精子活力检查按 GB 20557—2006 中 A.3 的规定执行。

4.5.3.2 精子密度

精子密度测定按 NY/T 3186—2018 中 6.2.3 的规定执行。

4.5.3.3 精子畸形率

精子畸形率检查按 GB 20557—2006 中 A.5 的规定执行。

4.5.3.4 细菌菌落数

细菌菌落数检查按 GB 20557—2006 中 A.6 的规定执行。

4.5.4 新鲜精液合格标准

结合外观、气味和显微镜检查精液品质的结果，宜选择单次采精量在 0.8mL 以上，呈乳白色或淡黄色，精子活力≥65%，精子密度≥$6×10^8$ 个/mL，精子畸形率≤15%，细菌菌落数≤800 个的精液用于稀释。

4.5.5 记录

清晰、准确地记录公羊精液的外观、气味、活力、密度、畸形率及细菌菌落数等内容，并填写公羊精液品质检测及稀释情况记录表（见附录 A）。

4.6 精液的稀释

4.6.1 常用稀释液

可用氯化钠稀释液（0.9％氯化钠溶液）或按 GB 20557—2006 中 C.2.3 中的规定配制，宜现配现用，不宜用于精液保存。

4.6.2 鲜精的稀释

4.6.2.1 稀释液温度为 20℃～25℃。

4.6.2.2 稀释液应沿着集精杯壁缓缓注入，用细玻璃棒向一个方向轻轻搅匀。

4.6.2.3 精液稀释的倍数应根据精子的密度而定，一般为 1 倍～3 倍。

4.6.3 稀释后精液品质检查

参照第 4.5.3 条的显微镜检查方法，分别对精子活力、精子密度、精子畸形率及细菌菌落数等进行品质检查。

4.6.4 稀释精液的合格标准

结合显微镜检查精液品质的结果，宜选择精子活力≥65％，精子密度≥$2×10^8$ 个/mL，精子畸形率≤15％，细菌菌落数≤800 个的精液用于输精。

4.6.5 记录

清晰、准确地记录精液稀释后的活力、密度、畸形率及细菌菌落数等内容，并填写公羊精液品质检测及稀释情况记录表（见附录 A 表 A.1）。

4.7 输精

4.7.1 输精时先将发情母羊固定到输精架上，母羊外阴部清洗、擦干、消毒，将开腟器插入阴道寻找子宫颈口，输精器插入子宫颈口内的深度为 0.5cm～1cm。

4.7.2 输精时间应在母羊发情中后期，第 1 次输精后，间隔 10h～12h 再输精 1 次。

4.7.3 原精输精量为 0.05mL～0.1mL，稀释后的精液为 0.1mL～0.2mL。

4.8 记录

清晰、准确地记录与配母羊、发情日期及输精时间等内容，并填写母羊配种、繁殖记录表（见附录 A 表 A.2）。

5 选种

5.1 公羊标准

达到 DB50/T 352—2019 中一级公羊以上标准。

5.2 母羊标准

达到 DB50/T 352—2019 中二级母羊以上标准。

6 选配

6.1 公羊的种用等级高于或等于母羊种用等级。

6.2 为有某些缺点和不足的母羊，选择在这些方面有突出优点的公羊配种。

6.3 应避免近亲繁殖。

7 种羊管理

7.1 健全档案

7.1.1 制定完备的生产计划，做好配种繁殖、体尺体重、外貌评分、个体卡片、饲养管理等种羊繁育记录，保存时间不低于 3 年。

7.1.2 健全种羊系谱，选优去劣，不断提高种羊繁育质量。

7.2 定期鉴定

按 6 月龄、周岁和成年分阶段鉴定，按照 DB50/T 352—2019 中的要求评定种羊等级，淘汰不合格种羊。

7.3 加强管理

7.3.1 禁止为优质种羊纯种繁育群导入外血。

7.3.2 制定科学的饲养管理方案，加强饲养管理，提高种羊的生产性能。

附 录 A

（规范性）

公羊精液品质检测及稀释情况记录表和母羊配种、繁殖记录表

表 A.1 公羊精液品质检测及稀释情况记录表

场户姓名：

公羊号	品种	采精时间	采精次数	检查日期	原鲜精液						
					外观	气味	精液量/mL	精液活力/%	精液密度/（10^8个/mL）	精液畸形率/%	细菌菌落数/（CFU/mL）

稀释液			稀释后的精液					记录人	备注
名称	倍数	用量/mL	精液量/mL	精液活力/%	精液密度/（10^8个/mL）	精液畸形率/%	细菌菌落数/（CFU/mL）		

表 A.2 母羊配种、繁殖记录表

场户姓名：

序号	母羊号	与配公羊号	操作人员	第1次输精		第2次输精		是否返情或妊娠	产羔日期		产羔数量/只
				日期	输精量/mL	日期	输精量/mL		预产期	实产期	

初生羔羊1			初生羔羊2			初生羔羊3			初生羔羊4			备注
性别	初生重/kg	耳号	性别	初生重/kg	耳号	性别	初生重/kg	耳号	性别	初生重/kg	耳号	

ICS 65.020.30
B 43

DB50

重 庆 市 地 方 标 准

DB50/T 1024—2020

板角山羊

2020-09-04 发布

2020-11-20 实施

重庆市市场监督管理局 发布

前　言

本文件按照 GB/T 1.1—2009《标准化工作导则　第 1 部分：标准的结构和编写》的规定起草。

本文件由重庆市农业农村委员会提出并归口。

本文件起草单位：重庆市畜牧科学院、重庆市畜牧技术推广总站、巫溪县畜牧兽医管理中心、武隆区畜牧技术推广站、武隆区科学技术局、城口县畜牧技术推广站。

本文件主要起草人员：王高富、张璐璐、周鹏、康雷、任航行、李发玉、黄勇、景开旺、蒋婧、张科、王琳、朱燕、屈治权、彭刚、刘进、胡直友、肖洪波、李琴涛、安丽桦、王晓、阳勇。

板 角 山 羊

1 范围

本文件规定了板角山羊的品种分布、品种特征、品种特性、等级评定和种羊出场要求。

本文件适用于板角山羊的品种鉴定和种羊等级评定。

2 规范性引用文件

下列文件对于本文件的应用是必不可少的。凡是注日期的引用文件，仅注日期的版本适用于本文件。凡是不注日期的引用文件，其最新版本（包括所有的修改单）适用于本文件。

NY/T 1236 绵、山羊生产性能测定技术规范。

3 品种分布

中心产区位于重庆市武隆、巫溪和城口等区（县），主要分布于涪陵、丰都、垫江、开州、奉节、巫山等区（县）及周边省份接壤区域。

4 品种特征

被毛白色，成年公羊被毛粗长，成年母羊被毛较短。体型中等，骨骼粗壮、结实。公、母羊均有角，角型宽而略扁，向后方弯曲扭转，公羊角比母羊大。头部中等大，鼻梁平直，额微凸，公、母羊均有胡须。公羊颈粗短，母羊颈扁而长。体躯呈圆桶形，肋骨拱张良好，背腰较平，尻部略斜。四肢健壮，蹄质坚实。公、母羊图片参见附录 A。

5 品种特性

5.1 测定方法

生产性能的测定参照 NY/T 1236。

5.2 生长发育性能

在放牧加补饲条件下，公羔初生重 2.1kg，母羔初生重 2.0kg；公羔 2 月龄体重 9kg，母羔 2 月龄体重 8kg。6 月龄、周岁、成年公、母羊的体重、体尺指标见表 1。

表 1 6 月龄、周岁、成年体重和体尺指标

年龄	性别	体重/kg	体长/cm	体高/cm	胸围/cm
6 月龄	公	19	55	47	60
	母	18	54	46	59
周岁	公	36	63	59	76
	母	26	59	54	66
成年（≥2.5 岁）	公	45	71	72	82
	母	35	67	57	77

5.3 繁殖性能

公羊初情期为 4 月龄～5 月龄，性成熟期为 6 月龄～8 月龄，适配年龄为 12 月龄，全年均可配种，利用年限为 4 年～5 年。母羊初情期为 4 月龄～5 月龄，适配年龄为 10 月龄。母羊产羔率初产 107％，经产 190％。母羊全年均可发情配种，发情周期为 17d～23d，妊娠期为 145d～155d，利用年

限为 6 年～8 年。

5.4 产肉性能

在放牧加补饲条件下，成年公羊屠宰率 52％，净肉率 37％；成年母羊屠宰率 44％，净肉率 31％。

5.5 板皮性能

板面平整，厚薄均匀，质地结实，油性足，致密度高，延伸率大，抗张力强。成年公羊板皮面积为 6 500cm² 以上，成年母羊板皮面积为 6 200cm² 以上。

6 等级评定

6.1 评定时间

6 月龄、12 月龄和成年 3 个阶段。

6.2 评定内容

体型外貌、体重、体尺和繁殖性能。

6.3 评定方法

6.3.1 体型外貌

毛色和角型在符合本品种特征的前提下，按表 2 规定评分，按表 3 评定等级。

表 2 体型外貌评分标准

项目		评定标准	最高分值	
			公	母
体躯	头	头中等大，额微凸，鼻梁平直，竖耳，公、母羊均有胡须	10	10
	颈	公羊粗短，母羊中等，与肩结合良好	8	6
	前躯	胸部深广，肋骨开张	14	14
	中躯	背腰平直，腹部发育良好且较紧凑	12	12
	后躯	后躯较前躯略宽，尻部宽且倾斜适度，臀部和腿部肌肉丰满，欣窝明显，母羊乳房基部宽广、方圆，附着紧凑，大小适中，呈梨形，有效乳头两个，乳头匀称、对称	14	18
	四肢	四肢匀称，刚劲有力，系部紧凑、强健，关节灵活，蹄质坚实，无内向、外向、刀状姿势	14	14
发育	外生殖器	公羊睾丸发育良好，左右对称，富有弹性，适度下垂；母羊外阴正常	14	12
整体结构		肌肉结实，膘情中上，各部位结构匀称、紧凑，体质结实，体躯近似圆筒状，公羊雄壮，母羊清秀	14	14
总计			100	100

表 3 体型外貌等级划分

等级	公羊	母羊
特级	≥95	≥95
一级	≥85	≥85
二级	≥80	≥75

6.3.2 体重、体尺

体重、体尺等级评定按表4进行。

表4 体重、体尺等级划分

年龄	等级	公羊				母羊			
		体重/kg	体高/cm	体长/cm	胸围/cm	体重/kg	体高/cm	体长/cm	胸围/cm
6月龄	特	25	53	60	68	22	50	58	62
	一	22	50	57	64	20	48	56	60
	二	19	46	55	60	18	46	54	59
周岁	特	41	63	67	80	30	58	63	72
	一	37	61	65	78	28	56	61	69
	二	33	59	63	76	26	54	59	66
成年（≥2.5岁）	特	50	81	76	89	41	60	71	82
	一	45	76	74	86	38	58	69	80
	二	40	72	71	82	35	56	67	77

6.3.3 繁殖性状评定

公、母羊繁殖性状等级评定分别按表5、表6进行。

表5 公羊繁殖性能等级划分

等级	周岁		成年（≥2.5岁）	
	射精量/mL	鲜精活力	射精量/mL	鲜精活力
特级	≥0.9	≥0.8	≥1.2	≥0.9
一级	≥0.7	≥0.7	≥1.0	≥0.8
二级	≥0.6	≥0.7	≥0.9	≥0.7

表6 母羊繁殖性能等级划分

等级	成年（≥2.5岁）	
	胎次/年	窝产羔数/只
特级	≥1.8	≥2.2
一级	≥1.5	≥1.9
二级	≥1.2	≥1.5

6.4 综合评定

根据体重、体尺、繁殖性能和体型外貌进行综合评定（表7）。

表7 种羊等级综合等级评定标准

体重、体尺		特级			一级			二级		
繁殖性能		特	一	二	特	一	二	特	一	二
体型外貌	特	特	特	特	一	一	一	二	二	二
	一	特	特	一	一	二	二	二	二	二
	二	一	一	二	二	二	二	二	二	二
注：公羊在6月龄综合评定时不考虑繁殖性能，母羊在6月龄和周岁评定时不考虑繁殖性能。										

7 种羊出场要求

出售的种羊年龄应在 6 月龄以上，其综合评定等级为公羊≥一级，母羊≥二级，健康无病并附有种畜合格证。

附　录　A
（资料性）
板角山羊

图 A.1　成年公羊

图 A.2　成年母羊

ICS 65.020.30
CCS B 43

DB50

重 庆 市 地 方 标 准

DB50/T 1144—2021

山羊家庭农场建设技术规范

2021-11-01 发布　　　　　　　　　　　　2022-02-01 实施

重庆市市场监督管理局　发布

前　　言

本文件按照 GB/T 1.1—2020《标准化工作导则　第 1 部分：标准化文件的结构和起草规则》的规定起草。

请注意本文件的某些内容可能涉及专利。本文件的发布机构不承担识别专利的责任。

本文件由重庆市农业农村委员会提出并归口。

本文件起草单位：重庆市畜牧技术推广总站、重庆市大足区农业技术服务中心、丰都县畜牧技术推广站、重庆市武隆区畜牧技术推广站、彭水苗族土家族自治县畜牧发展中心、重庆市泰丰畜禽养殖有限公司。

本文件主要起草人：贺德华、张科、朱燕、陈红跃、李发玉、李晓波、何道领、赖鑫、樊莉、蒋林峰、尹权为、张璐璐、陈东颖、刘羽、高敏、黄德利、石海桥、邱四海、郑龙光、唐凤娇、翁明会、王天波、邓小龙、谭华胜。

山羊家庭农场建设技术规范

1 范围

本文件规定了山羊家庭农场建设的术语和定义，选址与建场条件、功能布局、羊舍建造、羊舍设施、附属设施、辅助设备、种羊选择等方面的技术规范。

本文件适用于年出栏商品山羊 100 只及以上的家庭农场。

2 规范性引用文件

下列文件中的内容通过文中的规范性引用而构成本文件必不可少的条款。其中，注日期的引用文件，仅该日期对应的版本适用于本文件；不注日期的引用文件，其最新版本（包括所有的修改单）适用于本文件。

GB/T 26622 畜禽粪便农田利用环境影响评价准则

GB/T 26624 畜禽养殖污水贮存设施设计要求

NY/T 388 畜禽场环境质量标准

NY/T 2374 沼气工程沼液沼渣后处理技术规范

3 术语和定义

下列术语和定义适用于本文件。

3.1

家庭农场 family farm

以家庭成员为主要劳动力，从事农业规模化、集约化、商品化生产经营，以农业为主要收入来源的新型农业经营主体。

3.2

高床羊舍 high-bed goat house

以砖混或木质结构为主，舍内圈栏采用单列或双列排列，羊床离地面一定高度且采用漏缝设计的羊舍，主要分为传统型、发酵池型和机械清粪型等。

4 选址与建场条件

4.1 选址要求

4.1.1 应符合当地畜禽养殖用地利用规划、村镇建设规划和国家环境保护相关法律法规，同时满足建设工程所需的水文地质和工程地质条件，环境应符合 NY/T 388 的规定。

4.1.2 应符合动物防疫条件，宜建在地势高燥、背风向阳、水源充足的地方。

4.2 建场条件

4.2.1 取水方便，水质符合 NY/T 388 的规定。

4.2.2 电力供应充足且稳定。

4.2.3 交通便利、通讯方便，周围饲草、饲料资源充足，放牧条件好，且有粪污处理的设施或消纳吸收的土地。

5 功能布局

5.1 场内分为管理区、生产区、隔离区、粪污处理区等，各区间设置隔离屏障和防疫消毒设施。

5.2 管理区位于场内地势较高的上风向或侧风向处。

5.3 生产区宜建在管理区下风向。

5.4 隔离区和粪污处理区宜建在场区下风向或侧风向及地势较低处。

6 羊舍建造

6.1 建筑类型

6.1.1 建筑型式有开放式、半开放式、密闭式；屋顶采用单坡、双坡等形式。

6.1.2 采用高床羊舍，依据场地环境及地貌条件，宜选择传统型、发酵池型或机械清粪型等羊舍。

6.2 羊舍结构及建造

6.2.1 羊舍宜采用砖混或木质结构。

6.2.2 羊舍宜选择单列式或双列式修建；屋顶宜选择单坡或双坡形式，采用轻便、保温材料；墙体采用水泥砖或木栅栏。

6.2.3 公羊宜单圈饲养，饲养密度宜为4m²/只～6m²/只；母羊和育肥羊宜群体饲养，饲养密度分别以1m²/只～2m²/只、0.6m²/只～0.8m²/只为宜。

6.2.4 传统型高床羊舍屋顶和屋檐距地面高度宜不低于3.5m、3m；发酵池型高床羊舍屋顶和屋檐距地面高度宜不低于6 m、5 m；机械清粪型高床羊舍屋顶和屋檐距地面高度宜不低于4 m、3.5 m。

6.2.5 隔离羊舍用于隔离新购入羊或病羊，面积不小于20m²。

7 羊舍设施

7.1 羊床

7.1.1 传统型羊舍羊床离地面高度不低于1.5m，接粪面坡度不低于30°。

7.1.2 发酵池型羊舍羊床离地面高度不低于2.2m。

7.1.3 机械清粪型羊舍羊床离地面高度不低于0.6m。

7.1.4 羊床宜采用漏缝地板，漏缝宽度宜为1.5cm～2.0cm。

7.2 圈栏

7.2.1 宜采用铁质或木质等材料，栏杆间距不宜超过8cm。

7.2.2 公羊圈栏高度不低于1.5 m，母羊圈栏高度不低于1.3 m。

7.2.3 圈门宽度0.6m～0.8m，高度与栏高一致。

7.3 通道

7.3.1 分为净道、污道，通道之间严格分开。

7.3.2 羊舍喂料通道位于饲槽一侧，宽度不低于1.5 m。

7.4 饲槽

7.4.1 宜用砖、沙石、水泥等材料砌成。

7.4.2 饲槽内表面宜光滑、耐用，底部呈弧形。

7.4.3 槽口上缘宽度30cm，下缘宽度20cm，内缘深度20cm，底部离地面高度以40cm为宜。

7.5 颈夹

7.5.1 颈夹采用钢条或木板制作，保证羊的头部能自由伸缩采食。

7.5.2 颈夹宜用Φ8钢条烧焊制作。

7.6 门窗

7.6.1 大门宜为木门或铁质门，双列式羊舍门宽度2m～2.5m，单列式门宽度1.0m～1.5m，大门高度2.0m～2.2m为宜。

7.6.2 窗户宜采用铝制玻璃，面积占羊舍地面面积的1/15，高度0.5m～1.0m，宽度1.0m～1.2m

为宜。

7.7 饮水器具

7.7.1 根据每个圈栏的实际情况，用 PPR 或 PE 等管材接入外来水源。

7.7.2 每个圈栏内宜安装自动饮水碗。

8 附属设施

8.1 消毒设施

8.1.1 消毒室以砖混结构为主，建在生产区入口处，墙体、地面和屋顶抹平，墙体贴瓷砖，长度宜在 3m～4.0m，宽度不低于 2.0m、高度宜为 2.5m，铺设塑料网格地垫、棕垫或地毯等。

8.1.2 消毒池宜建在生产区及圈舍的入口，确保进入车辆或人员严格消毒。

8.2 药浴池

8.2.1 以长方形水沟状为宜，材料以砖石、水泥为主，池墙体和底部用水泥抹平且光滑。

8.2.2 池体长度不低于 5m，深度 0.8m～1.0m，上口宽 0.6m～0.8m，池底宽 0.3m～0.4m。

8.2.3 入口处为斜坡，出口处为台阶式缓坡或阶梯式，出入口处宜修建围栏。

8.3 饲草料加工棚

面积以满足饲养 6 个月存贮量为宜，地面做硬化处理，满足防潮、防霉、防鼠、防火等需要。

8.4 青贮池

8.4.1 容积按每只羊 0.3m³～0.5 m³ 设计，池体底部从里向外的坡度宜为 2°～5°。

8.4.2 屋顶宜采用彩钢，距地面高度以 4m～5m 为宜。

8.5 蓄水池

8.5.1 宜选择方形或圆形，每只羊每天用水量 4L～10L，储水量宜按连续使用 30d 计算。

8.5.2 墙体厚度不低于 24cm，做防渗处理。

8.5.3 池底宜采用混凝土，厚度不低于 20cm。

8.6 放牧草场

8.6.1 合理选择放牧草场，距离羊场不宜太远，距离村民居住地不宜太近，尽量不选择山间洼地及种植农作物较多的区域。

8.6.2 宜选择适合牧草生长、种类多且丰富、植被条件好、产草量高且连片的草场，选择农林隙地类草场、山地草甸草场、山地草丛草场及灌木草丛草场等放牧。

8.7 废弃物处理区

固体粪便、污水和沼液贮存设施建设按照 GB/T 26622、GB/T 26624 和 NY/T 2374 的要求执行。

9 辅助设备

9.1 饲料粉碎机 1 台，加工能力以 0.5t/h～0.8t/h 为宜，用于玉米和豆粕等粉碎加工。

9.2 铡草揉丝机 1 台，加工能力以 1t/h～1.5t/h 为宜，用于青草及秸秆等草料加工。

9.3 全混合日粮饲料搅拌机（TMR）1 台，容积以 1m³～3m³ 为宜。

10 种羊选择

10.1 引种要求

10.1.1 宜从无规定动物疫病区域且具有种畜禽生产经营许可证、动物防疫条件合格证的种场引进，并按照有关规定检疫。

10.1.2 种羊应是国家畜禽遗传资源委员会审定或者鉴定的品种、配套系，者是经批准引进的境外品种、配套系，来源清楚、质量优良，同时，应附有完整的系谱资料、种畜禽合格证及动物检疫合格证等证明材料。

10.1.3 种羊到场后，隔离观察15d～30d，经检疫合格后供生产使用。

10.2 选种要求

10.2.1 公羊生长发育正常，性能优良，四肢健壮，性欲旺盛，精液品质合格。

10.2.2 母羊繁殖力强、母性强，发育良好，有效乳头数2个，无瞎乳头、翻乳头、副乳头等无效乳头，达初情期时乳腺组织发育明显。

10.3 繁育要求

10.3.1 宜采取自然交配方式繁育。

10.3.2 能繁母羊存栏以60只为宜，公、母羊比例为1：（20～30）。

———————————

四、鸡

（6个）

ICS 65.020.30
B 43
备案号：29822 — 2011

DB50

重 庆 市 地 方 标 准

DB50/T 387—2011

城口山地鸡

2021-01-30 发布

2011-05-01 实施

重庆市质量技术监督局 发布

前　言

本文件按照 GB/T 1.1—2009《标准化工作导则　第 1 部分：标准的结构和编写》的规定起草。

请注意本文件的某些内容可能涉及专利。本文件的发布机构不承担识别专利的责任。

本文件由重庆市农业委员会提出并归口。

本文件起草单位：重庆市畜牧技术推广总站、重庆市城口县农业委员会。

本文件主要起草人：罗恩全、王永康、刘昌良、谭会山、姚江平、王武、张清才。

城口山地鸡

1 范围

本文件规定了城口山地鸡的术语和定义、外貌特征、生产性能和等级评定。

本文件适用于城口山地鸡的品种鉴定、保种选育、等级评定和种鸡（种苗、种蛋）出售。

2 规范性引用文件

下列文件对于本文件的应用是必不可少的。凡是注日期的引用文件，仅注日期的版本适用于本文件，凡是不注日期的引用文件，其最新版本（包括所有的修改单）适用于本文件。

NY/T 823—2004 家禽生产性能名词术语和度量统计方法

3 术语和定义

下列术语和定义适用于本文件。

3.1

城口山地鸡

城口山地鸡是在城口山区特殊的自然环境条件下，经长期封闭选育形成的肉蛋兼用型地方鸡种。外貌特征为"三黑一白"（羽毛、喙、胫黑色，皮肤白色）和侧视呈"U"字形的体型，具有遗传性能稳定、适应性广、抗病力强、肉质鲜美、蛋品质优等特点。主产于城口县，分布在巫溪、开县等周边地区。

3.2

初生重

雏鸡出壳后24h内的重量，以克（g）为单位，随机抽取50只以上，个体称重后计算平均值。

3.3

活重

鸡停料12h后的重量，以克（g）为单位。育雏和育成期至少称体重2次，分别在育雏期末和育成期末；成年体重在43周龄测量。每次至少随机抽取公、母各30只称重。

3.4

体斜长

在体表测量肩关节至坐骨结节的距离。

3.5

龙骨长

用皮尺在体表测量龙骨突前端到龙骨末端的距离。

3.6

胸深

用卡尺在体表测量第一胸椎到龙骨前缘的距离。

3.7

胸宽

用卡尺测量两肩关节之间的体表距离。

3.8

胫长

从胫部上关节到第三、四趾间的直线距离。

3.9

胫围

胫骨中部的周长。

3.10

髋骨宽

用卡尺测量两坐骨结节间的距离。

3.11

宰前体重

鸡宰前停料12h后称活重,以克(g)为单位记录。

3.12 **屠体重**

放血,去除羽毛、脚角质层、趾壳和喙壳后的重量。

3.13

半净膛重

屠体去除气管、食道、嗉囊、肠、脾、胰、胆和生殖器官、肌胃内容物以及角质膜后的重量。

3.14

全净膛重

半净膛重减去心、肝、腺胃、肌胃、肺、腹脂和头脚的重量。去头时在第一颈椎骨与头部交界处连皮切开;去脚时沿附关节切开。

3.15

腿肌率

去腿骨、皮肤、皮下脂肪后的全部腿肌。腿肌率即两侧腿净肌肉重占全净膛重的百分比。

3.16

胸肌率

沿着胸骨脊切开皮肤并向背部剥离,用刀切离附着于胸骨脊侧面的肌肉和肩胛部肌腱,即可将整块去皮的胸肌剥离,称重,得到两侧胸肌重。胸肌率即两侧胸肌重占全净膛重的百分比。

3.17

腹脂率

腹脂指腹部脂肪和肌胃周围的脂肪。腹脂率即腹脂重占全净膛重与腹脂重之和的百分比。

3.18

开产日龄

个体记录群以产第一个蛋的平均日龄计算。群体记录时,按日产蛋率达5%时的日龄计算。

3.19

入舍母鸡产蛋数

入舍母鸡在统计期内的总产蛋个数除以入舍母鸡数的产蛋个数。

3.20

平均蛋重

43周龄末,个体记录群每只母鸡连续称3个以上的蛋重,求平均值;群体记录连续称3d产蛋总重,求平均值;大型鸡场按日产蛋量的2%以上称蛋重,求平均值。以克(g)为单位。

3.21

蛋形指数

用游标卡尺测量蛋的纵径和横径。以毫米(mm)为单位;精确度为0.1mm。

3.22

蛋壳强度

将蛋垂直放在蛋壳强度测定仪上,钝端向上,测定蛋壳表面单位面积上承受的压力,单位为kg/cm^2。

3.23

蛋壳厚度

用蛋壳厚度测定仪测定，取钝端、中部、锐端的蛋壳，剔除内壳膜后分别测量厚度，求平均值。以毫米（mm）为单位；精确到0.01mm。

3.24

蛋的比重

用盐水漂浮法测定蛋比重溶液的配制与分级。在1000mL水中加NaCl 68g，定为0级，以后每增加一级，累加NaCl 4g，然后用比重法校正所配溶液。蛋的级别比重见表1。

表1 蛋比重分级

级别	0	1	2	3	4	5	6	7	8
比重	1.068	1.072	1.076	1.080	1.084	1.088	1.092	1.096	1.100

从0级开始，将蛋逐级放入配制好的盐水中，漂上来的最小盐水比重级即为该蛋的级别。

3.25

蛋黄色泽

按罗氏（Roche）蛋黄比色扇的30个蛋黄色泽等级对比分级，统计各级的数量与百分比，求平均值。

3.26

蛋壳色泽

以白色、浅褐色（粉色）、褐色、深褐色、青色（绿色）等表示。

3.27

哈氏单位

取产自24h内的蛋，称蛋重。测量破壳后蛋黄边缘与浓蛋白边缘的中点的浓蛋白高度（避开系带），测量呈正三形的3个点，取平均值。

3.28

血斑和肉斑率

统计含有血斑和肉斑的蛋占测定蛋数的百分比，测定数不少于100个。

3.29

种蛋合格率

种鸡所产符合本标准要求的种蛋数占产蛋总数的百分比。

3.30

受精率

种蛋入孵5d～7d后照蛋，受精蛋占入孵蛋的百分比。血圈、血线蛋按受精蛋计数，散黄蛋按未受精蛋计数。

3.31

受精蛋孵化率

出雏数占受精蛋数的百分比。

3.32

健雏率

健康雏鸡数占出雏数的百分比。健雏指适时出雏、绒毛正常、脐部愈合良好、精神活泼、无畸形者。

4 外貌特性

4.1 外貌特征

城口山地鸡体型中等偏大，以"三黑一白"，即羽毛、喙、胫为黑色，皮肤为白色，以及侧视呈

"U"字形的体形为标志。头大小适中，颈粗壮，尾羽上翘，背腰平直，结构匀称，羽毛丰满，喙、胫色黑灰色为主，少量灰白色，皮肤白色居多而乌皮较少，单冠直立，冠、耳叶、肉垂均呈鲜红色，虹彩为铜黄色，胫粗细适中，较长，初生雏绒羽背部为黑色，腹部为灰白色。

4.1.1 成年公鸡

体格高大雄壮，头颈高昂，胸宽而深，羽毛亮丽美观，尾羽发达、高翘、弯曲、呈镰刀形，少量颈羽为金黄或金红色，背部梳羽、蓑羽兼有红花羽或红褐斑，冠齿9个～13个，冠、肉垂发达，呈鲜红色。

4.1.2 成年母鸡

体躯较方圆，头部清秀，后躯丰满，冠齿7个～11个；冠、肉垂相对较小，呈红色。

5 生产性能

5.1 生长发育

5.1.1 体重

在舍饲育雏，育成期和产蛋期为放牧加补饲平养的情况下，不同生长阶段鸡的体重指标见表2。

表2 不同生长阶段鸡的体重

周龄/周		初生	5	8	13	17	22	43
体重/g	公	≥35	≥260	≥600	≥1 130	≥1 500	≥1 800	≥2 150
	母		≥220	≥540	≥990	≥1 270	≥1 600	≥1 750

5.1.2 体尺

在放牧加补饲平养的情况下；成年鸡体尺性状指标（测量方法与取值定按 NY/T823—2004 执行）见表3。

表3 43周龄种鸡体尺

性别	体斜长/cm	龙骨长/cm	胸深/cm	胸宽/cm	胫长/cm	胫围/cm	髋骨宽/cm
公	≥18.5	≥11.0	≥8.5	≥5.5	≥11.0	≥4.0	≥8.3
母	≥16.0	≥9.0	≥6.5	≥5.0	≥9.0	≥3.8	≥8.2

5.1.3 成活率

5.1.3.1 育雏期成活率

90％以上。

5.1.3.2 育成期成活率

92％以上。

5.2 产肉性能

在放牧补饲条件下，22周龄和43周龄屠宰性能指标见表4。

表4 不同周龄屠宰性能

性别	周龄/周	宰前体重/g	屠宰率/%	半净膛重/g	半净膛率/%	全净膛重/g	全净膛率/%	腿肌率/%	胸肌率/%	腹脂率/%
公	22	≥1 800	≥88.0	≥1 458	≥81.0	≥1 233	≥68.5	≥22.5	≥15.5	≥3.5
母	22	≥1 600	≥89.0	≥1 272	≥79.5	≥1 088	≥68.0	≥21.0	≥17.0	≥4.0
公	43	≥2 150	≥88.5	≥1 731	≥80.5	≥1 441	≥67.0	≥23.0	≥15.5	≥4.5
母	43	≥1 750	≥89.5	≥1 348	≥77.0	≥1 138	≥65.0	≥19.5	≥16.0	≥5.5

5.3 产蛋性能

5.3.1 开产日龄

平均 175d 开产。

5.3.2 产蛋数

66 周龄入舍母鸡产蛋 120±5 枚。

5.3.3 蛋重

平均蛋重 50±5g。

5.3.4 母鸡存活率

90％以上。

5.3.5 蛋品质

蛋形正常；蛋形指数 1.25 以上；蛋壳强度 $4kg/cm^2$ 以上；蛋壳厚度 0.30mm 以上，蛋的比重 1.088 以上；蛋黄色泽 7.5 级以上；蛋壳色泽粉色，少数浅粉色；哈氏单位 66.00 以上；血斑和肉斑率 10％以下；蛋黄比率 30.00％以上。

5.4 繁殖性能

公、母配种比例：自然交配 1：（10～12）；人工授精 1：（20～25）。公鸡大于 180 日龄即可配种；种鸡利用年限不超过 66 周；母鸡 90％以上有就巢性，年平均就巢 3 次～4 次，就巢持续时间为 7 次～14d；66 周龄入舍种母鸡产种蛋 113 枚；种蛋合格率 93％～95％，受精率 91％～95％，受精蛋孵化率 91％～93％；健雏率 95％以上；每只入舍种母鸡 66 周龄提供健雏 92 只。

5.5 饲料利用性能

5.5.1 料重比

17 周龄（3.6～3.8）：1，22 周龄（4.0～4.2）：1。

5.5.2 料蛋比

产蛋期（4.8～5.0）：1。

6 等级评定

6.1 等级标准

6.1.1 种蛋及种雏标准

种蛋及种雏标准见表 5。

表 5 合格种蛋及种雏评定标准

类别	标准
种蛋	血缘清楚，来自 3 个等级范围以内的健康鸡群
	蛋壳粉色或浅粉色
	蛋重 45g～55g；蛋形指数 1.25 以上
	受精率 91％～95％
种雏	血缘清楚，双亲均在 3 个等级范围以内
	初生重不低于 35g；初生雏绒羽背部为黑色，腹部为灰白色，喙、胫黑色
	适时出雏、绒毛正常、脐部愈合良好、精神活泼、无畸形的雏鸡

6.1.2 种鸡等级标准

种鸡等级标准指标见表 6。

表 6 种鸡等级标准

性别	等级	22 周龄体重/g	43 周龄体重/g	开产日龄/d	43 周龄入舍鸡产蛋/枚	66 周龄入舍鸡产蛋/枚	蛋重/g
公	1	1 951～2 050	2 301～2 500				
	2	1 851～1 950 2 051～2 150	2 201～2 300 2 501～2 600				
	3	1 751～1 850 2 151～2 250	2 101～2 200 2 601～2 700				
母	1	1 751～1 850	1 901～2 100	170	70～74	126～135	53～55
	2	1 651～1 750 1 851～1 950	1 801～1 900 2 101～2 200	175	65～69	116～125	50～52
	3	1 551～1 650 1 951～2 050	1 701～1 800 2 201～2 300	180	60～64	105～115	45～49

注：城口山地鸡种鸡选择不宜进行纯正向或负向选择，故不在 3 个等级范围以内的应予淘汰。

6.2 评定方法

6.2.1 评定范围及依据

凡外貌特征符合品种要求，发育正常，血缘清楚，3 个等级范围以内的种鸡繁殖的后代，均可参加评定。

6.2.2 评定时间

种蛋和种雏评定在收集种蛋和出雏时进行。种鸡评定分别在 22 周龄和 43 周龄进行。

6.2.3 评定方法

22 周龄公鸡根据体重和雄性特征评定；母鸡根据体重评定。43 周龄公鸡根据体重和雄性特征评定；母鸡以产蛋数为主，参考体重和蛋重综合评定。

附 录 A

鸡生产性能统计方法

A.1 生长发育性能

A.1.1 育雏期存活率 survivability during brooding period

育雏存活率（％）＝育雏期末合格雏鸡数/入舍雏鸡数×100。

A.1.2 育成期存活率 survivability during growing period

育成期成活率（％）＝育成期末合格育成鸡数/育雏期末入舍雏鸡数×100。

A.2 孵化性能

A.2.1 种蛋合格率 percentage of setting eggs

种蛋合格率（％）＝合格种蛋数/产蛋总数×100。

A.2.2 受精率 fertility

受精率（％）＝受精蛋数/入孵蛋数×100。

A.2.3 孵化率（出雏率） hatchability

A.2.3.1 受精蛋孵化率 hatchability of fertile eggs

受精蛋孵化率（％）＝出雏数/受精蛋数×100。

A.2.3.2 健雏率 percentage of healthy chicks

健雏率（％）＝健雏数/出雏数×100。

A.3 产蛋性能

A.3.1 入舍母鸡产蛋数 hen-housed egg production

入舍母鸡产蛋数（个）＝统计期内的总产蛋数/入舍母鸡数。

A.3.2 总产蛋重量 total egg mass

总蛋重（kg）＝（平均蛋重×平均产蛋量）/1 000。

A.3.3 母鸡存活率 survivability

母鸡存活率（％）＝产蛋期末存活母鸡数/入舍母鸡数×100。

A.3.4 蛋形指数 egg-shape index

蛋形指数＝纵径/横径。

A.3.5 哈氏单位 haugh unit

哈氏单位＝$100 \times \lg (H-1.7W^{0.37}+7.57)$。

H——测量的浓蛋白高度值，单位为毫米（mm）。

W——测量的蛋重值，单位为克（g）。

A.3.6 血斑和肉斑率 percents of blood and meat spots in eggs

血斑和肉斑率（％）＝带血斑和肉斑蛋数/测定总蛋数×100。

A.3.7 蛋黄比率 percentage of yolk

蛋黄比率（％）＝蛋黄重/蛋重×100。

A.4 肉用性能

A.4.1 屠宰率 dressed percentage

屠宰率（％）＝屠体重/宰前体重×100。

A.4.2 半净膛率 percentage of half-eviscerated yield

半净膛率（％）＝半净膛重/宰前体重×100。

A.4.3 **全净膛率** percentage of eviscerated yield

全净膛率（％）＝全净膛重/宰前体重×100。

A.4.4 **腿肌率** percentage of leg muscle

腿肌率（％）＝两侧腿净肌肉重/全净膛重×100。

A.4.5 **胸肌率** percentage of breast muscle

胸肌率（％）＝两侧胸肌重/全净膛重×100。

A.4.6 **腹脂率** percentage of abdominal fat

腹脂率（％）＝腹脂重/（全净膛重＋腹脂重）×100。

A.5 饲料利用性能

A.5.1 **平均日耗料量** average daily feed consumption

平均日耗料（g）＝全期耗料（g）/饲养只日数。

A.5.2 **料重比**

料重比＝生产期消耗的饲料总量/体重总重量。

A.5.3 **料蛋比**

料蛋比＝产蛋期消耗饲料总量/产蛋总重量。

ICS 65.020.30
B 43
备案号：32969—2012

DB50

重 庆 市 地 方 标 准

DB50/T 425—2011

大 宁 河 鸡

2012-01-18 发布

2012-05-01 实施

重庆市质量技术监督局 发布

前　言

本文件按照 GB/T 1.1—2009《标准化工作导则　第 1 部分：标准的结构和编写》的规定起草。

请注意本文件的某些内容可能涉及专利。本文件的发布机构不承担识别专利的责任。

本文件由重庆市巫溪县畜牧兽医局提出并归口。

本文件起草单位：重庆市巫溪县畜牧兽医局、重庆市畜牧技术推广总站。

本文件主要起草人：屈治权、陈红跃、王永康、杨永福、邹全荣、刘增佳。

本文件由重庆市巫溪县畜牧兽医局、重庆市畜牧技术推广总站负责解释。

大 宁 河 鸡

1 范围

本文件规定了大宁河鸡的术语和定义、外貌特征、生产性能、等级划分和鉴定规则。

本文件适用于大宁河鸡的品种鉴定、保种选育、等级评定和种鸡（种苗、种蛋）出售。

2 规范性引用文件

下列文件对于本文件的应用是必不可少的。凡是注日期的引用文件，仅注日期的版本适用于本文件。凡是不注日期的引用文件，其最新版本（包括所有的修改单）适用于本文件。

GB 16567　种畜禽调运检疫技术规范

NY/T 823—2004　家禽生产性能名词术语和度量统计方法

3 术语和定义

3.1

大宁河鸡　Daninghe chicken

大宁河鸡是在巫溪县特殊的山区自然生态条件下，经长期封闭选育形成的肉蛋兼用型地方鸡遗传资源；具有种遗传性能稳定、适应性和抗病力强、耐粗饲、外貌清秀、能飞善跑、肉味香、肉质细嫩、营养丰富等优点。原产地位于重庆市巫溪县，分布于奉节、云阳等区（县）。

3.2

初生重　day-old weight

雏鸡出壳后 24h 内的重量，以克（g）为单位；随机抽取 50 只以上，个体称重后计算平均值。

3.3

活重　live weight

鸡禁食 12h 后的重量，以克（g）为单位。育雏和育成期至少称体重 2 次，即育雏期末和育成期末；成年体重在 44 周龄测量，每次至少随机抽取公、母各 50 只称重。

3.4

体斜长　body slope length

体表测量肩关节至坐骨结节间的距离。

3.5

胸深　breast depth

用卡尺在体表测量第一胸椎到龙骨前缘的距离。

3.6

胸宽　breast width

用卡尺测量两肩关节之间的体表距离。

3.7

胫长　shank length

从胫部上关节到第三、第四趾间的直线距离。

3.8

髋骨宽　pelvis width

用卡尺测量两坐骨结节间的距离。

3.9

开产日龄　age at first egg

个体记录群以产第一个蛋的平均日龄计算。群体记录时，按日产蛋率达 50％的日龄计算。

3.10

产蛋数　age production

母鸡在统计期内的产蛋个数。

3.11

平均蛋重　average egg size

个体记录群每只母鸡连续称 3 个以上的蛋重，求平均值；群体记录连续称 3d 产蛋总重，求平均值；大型鸡场按日产蛋量的 2％以上称蛋重，求平均值。以克（g）为单位。

3.12

蛋型指数　egg-shape index

用游标卡尺测量蛋的纵径和横径。以毫米（mm）为单位，精确度为 0.1mm。计算公式：蛋形指数＝纵径/横径。

3.13

蛋壳强度　shell strength

将蛋垂直放在蛋壳强度测定仪上，钝端向上，测定蛋壳表面单位面积上承受的压力，单位为 kg/cm^2。

3.14

蛋壳厚度　shell thickness

用蛋壳厚度测定仪测定，取钝端、中部、锐端的蛋壳剔除内壳膜后，分别测量厚度，求平均值。以毫米（mm）为单位，精确到 0.01mm。

3.15

蛋的比重　specific gravity of eggs

用盐水漂浮法测定。测定蛋比重溶液的配制与分级：在 1 000mL 水中加 NaCl 68g，定为 0 级，以后每增加一级，累加 NaCl 4g，然后用比重剂校正所配溶液。如表 1 所示。

表 1　蛋比重分级

级别	0	1	2	3	4	5	6	7	8
比重	1.068	1.072	1.076	1.080	1.084	1.088	1.092	1.096	1.100

从 0 级开始，将蛋逐级放入配制好的盐水中，漂上来的最小盐水比重级，即为该蛋的级别。

3.16

蛋黄色泽　yolk color

按罗氏（Roche）蛋黄比色扇的 30 个蛋黄色泽等级对比分级，统计各级的数量与百分比，求平均值。

3.17

蛋壳色泽　shell color

以白色、浅褐色（粉色）、褐色、深褐色、青色（绿色）等表示。

3.18

哈氏单位　haugh unit

取产出 24h 内的蛋，称蛋重。测量破壳后蛋黄边缘与浓蛋白边缘的中点的浓蛋白高度（避开系带），测量成正三角形的 3 个点，取平均值。计算公式：哈氏单位＝ $100 \times lg$（$H - 1.7 \times W^{0.37} + 7.57$）。

H——以毫米（mm）为单位测量的浓蛋白高度值。

W——以克（g）为单位测量的蛋重值。

3.19

血斑和血斑率 percents of blood and meat spots in eggs

统计含有血斑和肉斑蛋的百分比，测定数不少于 100 个。计算公式：血斑和肉斑率＝带血斑和肉斑蛋数/测定总蛋数×100％。

3.20

受精率 fertility

受精蛋占入孵蛋的百分比。血圈蛋、血线蛋按受精蛋计数，散黄蛋按未受精蛋计数。计算公式：受精率＝受精蛋数/入孵蛋数×100％。

3.21

受精蛋孵化率 hatchability of fertile eggs

出雏数占受精蛋数的百分比。计算公式：受精蛋孵化率＝出雏数/受精蛋数×100％。

3.22

宰前体重 slaughter weight

宰前禁食 12h 后称活重，以克（g）为单位记录。

3.23

屠宰率 dressed percentage

放血，去除羽毛、脚角质层、趾壳和喙壳后的重量为屠体重。计算公式：屠宰率＝屠体重/宰前体重×100％。

3.24

半净膛重 half-eviscerated weight

屠体去除气管、食道、嗉囊、肠、脾、胰、胆和生殖器官、肌胃内容物以及角质膜后的重量。

3.25

全净膛重 eviscerated weight

半净膛重减去心、肝、腺胃、肌胃、肺、腹脂和头脚的重量。去头时在第一颈椎骨与头部交界处连皮切开；去脚时沿跗关节切开。

4 外貌特征

4.1 雏鸡

绒毛以黄色为主，喙、胫浅灰青色。

4.2 成年公鸡

体型中等，结实紧凑。羽毛鲜艳，副翼羽、主尾羽和大镰羽呈黑色带金属光泽，梳羽、蓑羽呈红色或金黄色镶黑边，胸羽有黑色、红色两种。头中等大小，单冠直立，冠、肉髯、耳叶为红色。喙为乌青色，胫为乌色，皮肤白色。

4.3 成年母鸡

体型中等，体态清秀。羽色以淡黄、麻黄为主，少量白羽、黑麻。头中等大小，单冠直立，冠、肉髯、耳叶为红色。喙有黄色、黑色两种，胫为青色或黄色，皮肤白色。

5 生产性能

5.1 生长发育

5.1.1 体重

大宁河鸡不同生长阶段的体重指标见表 2。

表 2　不同生长阶段鸡的体重

周龄/周		初生	4	8	13	18	22	43
体重/g	公	≥31	≥120	≥230	≥1 050	≥1 420	≥1 700	≥2 050
	母		≥118	≥210	≥900	≥1 200	≥1 550	≥1 750

5.1.2　体尺

成年鸡体尺指标见表3。

表 3　43周龄种鸡体尺

性别	体斜长/cm	胸深/cm	胸宽/cm	龙骨长/cm	髋骨宽/cm	胫长/cm	胫围/cm
公	≥20.0	≥10.5	≥6.5	≥10.5	≥3.5	≥11.0	≥4.0
母	≥19.0	≥9.5	≥6.0	≥10.0	≥3.4	≥9.0	≥3.7

5.2　繁殖性能

公鸡性成熟较早，可配种日龄为180d以上；母鸡开产日龄为180d以内，就巢性较强，就巢率90%以上。66周龄入舍母鸡产蛋数不低于115枚，平均蛋重50g左右，蛋壳白色或粉褐色，以白色为主。公、母配比自然交配为1：（10～15），人工授精为1：（20～25）；受精率不低于90.0%，受精蛋孵化率不低于89.0%。

5.3　蛋品质

蛋形指数1.26以上，蛋壳强度3.9kg/cm² 以上，蛋壳厚度0.29mm以上，蛋的比重在1.070以上，蛋黄色泽在8.0级以上，蛋壳颜色白色为主，少数浅粉色，哈氏单位75.00以上，血斑和肉斑率在6%以下，蛋黄比率在30.00%以上。

5.4　产肉性能

成年公鸡屠宰率不低于90.0%，半净膛重不低于1 400g，全净膛重不低于1 200g；成年母鸡屠宰率不低于90.0%，半净膛重不低于1 000g，全净膛重不低于900g。

6　等级评定

6.1　等级划分

6.1.1　种蛋及种雏

按表4内容确定合格的种蛋和种雏。

表 4　种蛋及种雏合格要求

类别	标准
种蛋	血缘清楚；来自3级以上（含3级）的健康鸡群
	蛋壳白色或粉褐色
	蛋重45g以上；蛋形指数1.26以上
	受精率85%以上
种雏	血缘清楚；双亲均在3级以上（含3级）
	出壳体重30g以上；绒毛黄色；喙、胫浅色
	发育正常；活泼好动

6.1.2　公、母鸡等级

在合格的大宁河鸡种蛋及其孵出的种雏基础上，采取独立淘汰法，按照表5内容进行种鸡等级评定。

表5 种鸡等级划分

性别	等级	22周龄体重/g	43周龄体重/g	开产日龄/d	43周龄入舍产蛋数/枚	66周龄入舍产蛋数/枚	蛋重/g
公	1	1 851～1 950	2 201～2 400	—	—	—	—
	2	1 751～1 850 1 951～2 050	2 101～2 200 2 401～2 500	—	—	—	—
	3	1 751～1 800 2 051～2 150	2 001～2 100 2 501～2 600	—	—	—	—
母	1	1 701～1 800	1 701～1 900	166～170	70～74	126～135	53～55
	2	1 601～1 700 1 801～1 900	1 701～1 800 2 001～2 100	171～175	65～69	116～125	50～52
	3	1 501～1 600 1 901～2 000	1 601～1 700 2 101～2 200	176～180	60～64	105～115	47～49

6.2 评定方法

6.2.1 评定范围及依据

凡外貌特征符合品种要求，发育正常，血缘清楚，三级以上（含三级）种鸡繁殖后代，均可参加评定。

6.2.2 评定时间

种鸡评定分别在22周龄和43周龄2个阶段进行。

6.2.3 评定方法

22周龄公鸡根据体重和雄性特征评定；母鸡根据体重评定。43周龄公鸡根据体重和雄性特征评定；母鸡根据体重、开产日龄、产蛋数及蛋重综合评定。

7 鉴定规则

7.1 大宁河鸡的品种鉴定工作由大宁河鸡选育技术小组组织相关人员完成，鉴定方法按照本文件执行。

7.2 大宁河鸡根据综合评定鉴定，主要项目有体型外貌、体尺、蛋的质量、雏鸡、22周龄及43周龄的体重、开产日龄、产蛋数、蛋重。

7.3 鉴定阶段分为22周龄和43周龄2个阶段。

7.4 未达到三级标准的不能作种用。

7.5 外售的种鸡必须经过鉴定合格，有种畜禽合格证，并符合GB 16567和《中华人民共和国畜牧法》的要求。

ICS 65.020.30
B 44

DB50

重 庆 市 地 方 标 准

DB50/T 941—2019

大宁河鸡生产技术规程

2019-09-10 发布   2019-12-01 实施

重庆市市场监督管理局 发布

前　言

本文件按照 GB/T 1.1—2009《标准化工作导则　第 1 部分：标准的结构和编写》的规定起草。

本文件由重庆市农业农村委员会提出并归口。

本文件起草单位：重庆市畜牧技术推广总站、巫溪县畜牧兽医管理中心。

本文件主要起草人：张晶、谭宏伟、程尚、荆战星、李晓波、尹华山、景开旺、王永康、胡直友、蒋林峰。

大宁河鸡生产技术规程

1 范围

本文件规定了大宁河鸡生产的术语与定义，选址与布局、饲料及营养标准、引种、饲养管理、疾病防控、出栏检疫、养殖档案管理各个环节应遵循的准则。

本文件适用于大宁河鸡养殖场的生产管理。

2 规范性引用文件

下列文件对于本文件的应用是必不可少的。凡是注日期的引用文件，仅注日期的版本适用于本文件。凡是不注日期的引用文件，其最新版本（包括所有的修改单）适用于本文件。

GB 2749　食品安全国家标准　蛋与蛋制品

GB 14554　恶臭污染物排放标准

GB 18596　畜禽养殖业污染物排放标准

NY/T 388　畜禽场环境质量标准

DB50/59　重庆市动物产地检疫技术规范

3 术语和定义

下列术语和定义适用于本文件。

3.1

大宁河鸡　Daninghe chicken

大宁河鸡主要分布在巫溪县境内，特征为体型中等，结实紧凑，体态清秀，头中等大小，单冠直立，冠、肉髯、耳叶为红色，喙呈黄色或黑色，皮肤呈白色，胫呈青色或白色。公鸡羽色鲜艳，副翼羽、主尾羽和大镰羽呈黑色带金属光泽，颈羽、鞍羽呈红色或金黄色镶黑边，胸部羽毛呈黑色或红色。母鸡羽色以淡黄、麻黄为主，少量白羽、黑麻羽。雏鸡绒毛以黄色为主，也有少量个体呈黑色或白色。成年公鸡体重约2.3kg，母鸡约1.8kg。该品种具有遗传性能稳定、适应性广、抗病力强、肉质鲜美、蛋品质优等特点。

3.2

散养　free range

以舍外自由活动为主的养殖方式。

注：可以将果园、茶园、林地、草地等生态环境用作舍外活动场所。

3.3

笼养　raised in cages

饲养在笼内的养殖方式。

3.4

地面平养　raised on floor

在室内地面的垫料（稻壳、麦秆等）上饲养的方式。

3.5

网上平养　raised on net

在人工设置的网面上饲养的方式。

3.6

初饮 *first drinking*

雏鸡出壳后首次饮水。

3.7

开食 *first feeding*

雏鸡出壳后首次吃料。

3.8

带鸡消毒 *disinfection with chicken*

对鸡舍内的一切物品及鸡体、空间用一定浓度的消毒药液喷洒消毒。

3.9

鸡场废弃物 *chicken farm waste*

主要包括鸡粪、垫料、污水、死鸡、孵化后的蛋壳及死胚、过期的兽药、残余疫苗等。

3.10

全进全出制 *all in and all out system*

在同一幢鸡舍同一时间内饲养同日龄的鸡，经过一定饲养期后，同时全部出栏。

4 产地环境

鸡场环境卫生应符合 NY/T 388 的要求。鸡场废弃物的排放应符合 GB 18596 和 GB 14554 的要求。

5 选址与布局

5.1 场址选择

5.1.1 选址应符合当地畜禽养殖规划布局要求。

5.1.2 场址应选择地势高燥、背风向阳、排水方便、无污染，水、电、交通方便且利于粪污无害化处理和资源化利用的场所。

5.1.3 散养地应选择地势高燥、背风向阳、环境安静、饮水方便、植被丰富、无污染、无兽害的地方。

5.2 场内布局

场内应设生活区、管理区、生产区和无害化处理区等。

5.3 场舍建设

场舍可坐北朝南或房屋轴向与东西方向夹角不大于30°，具有保温、隔热、降温、供排水和通风换气等性能，可笼养、散养、网上平养、地面平养等。

5.4 配套设施建设

场内应设消毒室、更衣室、饲料加工与饲料贮藏室、兽医室、粪污及病死鸡无害化处理、防兽害等设施。

6 饲料及营养标准

6.1 饲料要求

饲料和饲料添加剂使用应符合《饲料和饲料添加剂管理条例》的要求。

6.2 营养标准

饲料营养应满足大宁河鸡生长各阶段的营养需要（附录A）。

7 引种

7.1 引种来源

种鸡应来自具有种畜禽生产经营许可证、种鸡系谱证和动物防疫条件合格证的种鸡场，持有有效检疫合格证明，符合 DB 50/59 的要求。严禁从疫区引种。

7.2 选择种鸡

要查阅品种的系谱档案，认真、仔细地观察种鸡个体，挑选具有明显品种特征的大宁河鸡。

7.3 运输

调运车辆提前彻底清扫、消毒。使用运输笼具装载，运输过程中应预防和减少应激。

7.4 隔离观察

引种后应隔离观察 20d～30d，不同日龄的鸡群应分开，隔离观察合格后方可进入鸡场饲养。

8 饲养管理

8.1 育雏期的饲养管理

8.1.1 选雏

初生雏鸡平均体重在 30g 以上，大小均匀，活泼好动，眼大有神，羽毛整洁光亮，腹部卵黄吸收好，手握雏鸡感到温暖、体态匀称、有弹性、挣扎有力，叫声洪亮清脆。

8.1.2 雏鸡料应符合本鸡种的营养需要。

8.1.3 开食和饮水

雏鸡应先饮水，后开食。雏鸡出壳后 24h～36h 初饮，保证不断水；雏鸡一般在初饮 2h～4h 后开食，2 日龄内全部使用开食料，然后逐步更换为雏鸡料。饮水中可添加高锰酸钾、电解多维以减少雏鸡应激。

8.1.4 饲养密度

雏鸡可散养、笼养、地面平养或网养平养等。推荐饲养密度见表 1。

表 1 大宁河鸡育雏期的饲养密度

周龄/周	饲养密度/（羽/m²）		
	地面平养	网上平养	笼养
0～6	45～50	50～55	55～60

8.1.5 温度

育雏第一周温度为 33℃～35℃，以后每周下降 2℃～3℃，直至 18℃～23℃。

8.1.6 湿度

10 日龄内相对湿度 65％～70％，10 日龄～20 日龄 60％～65％，3 周龄以后以 55％～60％为宜。

8.1.7 通风

舍内空气质量符合 NY/T 388 的要求。

8.1.8 光照

1 日龄～2 日龄每日光照时间为 24h～23h，光照强度为 20lx～30 lx（每 m² 2.7W 的白炽灯，高度 2.1m～2.4m，光照强度约为 10 lx），之后每天减少光照时间 1h，直到保持自然光照。

8.1.9 断喙

笼养、网上平养或地面平养的鸡，7 日龄～10 日龄断喙，放牧和自然交配的种公鸡不宜断喙。

8.2 育成期的饲养管理

8.2.1 饲养方式与饲养密度

8.2.1.1 育成期间可采用笼养、网上平养或地面平养，也可采用散养方式自然放养。饲养密度参见表 2。

表 2 育成期密度

周龄/周	饲养方式			
	地面平养/（羽/m²）	网上平养/（羽/m²）	笼养/（羽/m²）	散养/（羽/亩）
7～13	10～12	12～15	15～20	40～70
14～17	8～10	10～12	12～15	20～30
18～25	6～8	8～10	10～12	15～20

8.2.1.2 针对散养方式，需实行轮牧饲养。

8.2.2 饮水管理

自由饮水，饮水器具应每天清洗、消毒。

8.2.3 喂料管理

饲料使用应符合《饲料和饲料添加剂管理条例》的规定。地面平养、网上平养、笼养的不同日龄阶段采食量见表3。散养鸡每天补饲2次，根据自主采食情况补充。

表 3 大宁河鸡耗料表

日龄/d	耗料/（g/d）
35～56	60～80
57～84	55～75
85～245	55～70
246 以上	55～65

8.2.4 光照

有条件的封闭式种鸡场可提供 8h 固定光照，光照强度为 10 lx～20 lx。

8.2.5 公、母分群饲养

在 5 周龄实行公、母鸡分群饲养，调整公、母鸡营养水平，实行公、母分期出栏。

9 疾病防控

9.1 兽药使用

预防和治疗疾病使用药物的种类及休药期应符合《兽药质量标准》（2017 年农业部公告第 2513 号）、《动物性食品中兽药最高残留限量》（2002 年农业部公告第 235 号）及《兽药停药期规定》（2003 年农业部公告第 278 号）的要求。

9.2 免疫接种

大宁河鸡种鸡、商品鸡免疫接种的内容、方法和程序参见表4、表5。

表 4 大宁河鸡种鸡参考免疫程序

日龄/d	疫苗	接种方法	剂量
1	马立克氏病疫苗	皮下注射	0.2mL
5	关节炎冻干苗	肌内注射	1 羽份
10	新支二联三价或新支净	点眼	1.5 羽份
	鸡痘疫苗	肌注/刺种	0.2 mL
14	中毒株法氏囊炎疫苗	颈部皮下注射/滴嘴	1 羽份
21	新支减油苗	颈部皮下注射	0.2mL
32	新支净	点眼	1 羽份
	传鼻	胸部肌内注射	1 羽份

表 4（续）

日龄/d	疫苗	接种方法	剂量
56	新支二联油乳-K 油苗	颈部皮下注射	0.3mL
70	H5、H9 新支二联油苗	左右肌注射	1 羽份
	新城疫 VG/GA 株＋H120	点眼	1 羽份
82	传鼻	胸部肌内注射	1 羽份
	关节炎油乳剂	胸部肌内注射	1 羽份
95	新支减三联灭活疫苗	肌注/颈部皮下注射	0.3mL
120	H5、H9	左右肌注射	1 羽份
130	新城疫 VG/GA 株＋H120	点眼	1 羽份
注：建议在 260 日龄～270 日龄加强免疫 1 次，H5、H9 各注射 1 羽份；在产蛋 5％～10％时或产蛋高峰到来前加强免疫 1 次，以新威灵点眼。			

表 5　大宁河鸡商品鸡参考免疫程序

日龄/d	疫苗	接种方法	剂量
1	马立克氏病疫苗	皮下注射	0.2mL
10	新支二联三价或新支净	点眼	1.5 羽份
	鸡痘疫苗	肌注刺种	0.2mL
14	中毒株法氏囊炎疫苗	颈部皮下注射/滴嘴	1 羽份
21	新支减油苗	饮水	0.2mL
40	新支二联活疫苗	点眼	2 倍量饮水
	中毒株法氏囊炎疫苗	饮水/滴嘴	2 倍量饮水/1 羽份
56	新支二联油乳-K 油苗	颈部皮下注射	0.3mL
70	H5、H9 新支二联油苗	左右肌注射	1 羽份
	新城疫 VG/GA 株＋H120	点眼	1 羽份
95	新支减三联灭活疫苗	肌注/颈部皮下注射	0.3　mL
130	新城疫 VG/GA 株＋H120	点眼	1 羽份

9.3　消毒

9.3.1　消毒剂

消毒剂应符合《兽药质量标准》（2017 年农业部公告第 2513 号）的规定。

9.3.2　环境消毒

定期为场内外环境、饮水、鸡舍消毒，疫病流行期间应增加消毒次数。

9.3.3　人员消毒

进入生产区的所有工作人员应更衣、戴帽、换鞋，经消毒后从消毒通道进入生产区。工作服、靴、帽等应保持清洁、卫生。

9.3.4　鸡舍消毒

进鸡或转群前，应将鸡舍彻底清扫干净，然后用水冲洗，再用物理（火焰、高温）或化学（消毒剂喷洒、熏蒸）方式消毒。鸡进入鸡舍后，每周带鸡消毒 1 次。

9.3.5　用具消毒

应定期对蛋箱、蛋盘、喂料器等用具消毒。

10 检疫与出栏

10.1 检疫

鸡苗、出栏商品鸡应符合 DB50/59 的规定，鸡蛋销售应根据 GB 2749 等国家和地方有关规定检疫，检疫合格方可出售。

10.2 出栏

出栏上市日龄为 150d～400d；公鸡体重 2.2kg～2.5kg，母鸡体重 1.7kg～1.9kg。

11 养殖档案管理

应按照《畜禽标识和养殖档案管理办法》（2006 年农业部令第 67 号）规定建立生产记录档案，做好生产、投入品使用、疫病防治、出场销售等记录。

附　录　A

（资料性）

大宁河鸡各阶段营养需求推荐指标

表 A.1　大宁河鸡各阶段营养需求推荐指标

营养指标	育雏（0～4）周龄	育成（5～8）周龄	育成（9～12）周龄	后备（13～35）周龄
代谢能/（cal/kg）	3 100	3 000	2 800	2 750
粗蛋白/%	22.0	20.0	18.0	15.0～16.0
钙/%	1.2	1.0	1.0	1.0
磷/%	0.6	0.5	0.5	0.5
食盐/%	0.37	0.35	0.35	0.35

ICS 65.020.30
B 43

DB50

重 庆 市 地 方 标 准

DB50/T 1023—2020

优质地方鸡林下养殖技术规程

2020-08-18 发布   2020-11-20 实施

重庆市市场监督管理局 发布

前　言

本文件按照 GB/T 1.1—2009《标准化工作导则　第 1 部分：标准的结构和编写》的规定起草。

本文件由重庆市农业农村委员会提出并归口。

本文件起草单位：重庆市畜牧科学院。

本文件主要起草人员：王海威、王启贵、李静、罗艺、谢友慧、王珍、赵献芝、唐凤姣。

优质地方鸡林下养殖技术规程

1 范围

本文件规定了优质地方鸡林下养殖技术中涉及的术语和定义、选址与规划布局、雏鸡来源要求、营养要求、饲养管理、综合防疫和档案管理等基本要求。

本文件适用于优质地方鸡林下养殖的生产管理。

2 规范性引用文件

下列文件对于本文件的应用是必不可少的。凡是注日期的引用文件，仅注日期的版本适用于本文件，凡是不注日期的引用文件，其最新版本（包括所有的修改单）适用于本文件。

GB 5749　生活饮用水卫生标准

GB 13078　饲料卫生标准

GB 14554　恶臭污染物排放标准

GB 18596　畜禽养殖业污染物排放标准

GB/T 16569　畜禽产品消毒规范

GB/T 20014.10　良好农业规范　第10部分：家禽控制点与符合性规范

GB/T 25246　畜禽粪便还田技术规范

GB/T 25886　养鸡场带鸡消毒技术要求

GB/T 36195　畜禽粪便无害化处理技术规范

NY 467　畜禽屠宰卫生检疫规范

NY/T 388　畜禽场环境质量标准

NY/T 682　畜禽场场区设计技术规范

NY/T 1167　畜禽场环境质量及卫生控制规范

NY/T 1169　畜禽场环境污染控制技术规范

NY/T 2666　标准化养殖场　肉鸡

中华人民共和国动物防疫法（2007年主席令第71号）

动物防疫条件审查办法（2010年农业部令第7号）

病死动物无害化处理技术规范（农医发〔2013〕34号）

饲料和饲料添加剂管理条例（国务院令609号）

中华人民共和国森林法（1984年主席令第17号）

兽药管理条例（国务院令第404号）

畜禽标识和养殖档案管理办法（2006年农业部令第67号）

3 术语和定义

下列术语和定义适用于本文件。

3.1

优质地方鸡

可林下饲养的地方鸡品种（资源）或地方鸡种（资源）杂交群体。

3.2

高床网上平养

鸡群饲养于人工设置的网面上，网面与地面的距离为0.8m～1.2m。

3.3

林下鸡舍

供林下饲养鸡群采食、饮水和栖息的场所。

3.4

休牧

放养在林地的鸡群全部出栏后，下一批鸡群还未进入，以恢复植被的空闲时间。

3.5

全进全出制度

同日龄或日龄相差 5d 以内的雏鸡同批进入饲养区，在同一时间或相差 5d 以内出栏的饲养制度。

3.6

植被覆盖度

植被叶、茎、枝在地面的垂直投影面积占统计区总面积的百分比。

4 选址与规划布局

4.1 鸡场选址

鸡场的选址应符合《中华人民共和国动物防疫法》和《动物防疫条件审查办法》的要求。

4.2 环境条件

鸡场的环境质量应符合 NY/T 388 和 NY/T 1167 的要求；鸡场废弃物的排放应符合 GB 18596 和 GB 14554 的要求。

4.3 场区布局

鸡场的场区设计和建设应符合 NY/T 682 和 NY/T 2666 的要求。鸡场按办公生活区、生产区和隔离区布局；防疫按 GB/T 20014.10 和《病死动物无害化处理技术规范》执行。

4.4 养殖设施

4.4.1 雏鸡舍

雏鸡舍应符合 NY/T 2666 的要求。

4.4.2 林下鸡舍

4.4.2.1 可采用垫料平养鸡舍或高床网上平养鸡舍。

4.4.2.2 垫料平养鸡舍内地面硬化；舍墙面离地 1m 高内密封，1m 以上设置围网；平整舍四周 2m 内场地，便于饲喂及清理污物。

4.4.2.3 高床网上平养鸡舍依山势采用吊脚楼的方式建设；山势坡度不大于 35°；舍内面人工设置高床垫网；网面孔径 1.5cm～2.0cm。

4.4.3 林下放养场

4.4.3.1 林下放养场四周安装围网；场内划分若干个放养区；各放养区之间交替放牧和休牧。

4.4.3.2 每个放养区面积为 2 亩～5 亩；每个放养区内建设一栋林下鸡舍；各放养区之间用围网隔离。

4.4.3.3 隔离围网可用尼龙渔网、铁围栏或篱笆网；网孔大小以不让鸡只穿出为宜；网高 1.8 m～2.0 m。

4.4.3.4 放养区在休牧时间可实行人工种草，恢复植被覆盖率，也可为放养区提供牧草。

4.5 配套设施

场内应建有消毒室、饲料加工与贮藏室、兽医室、废弃物无害化处理设施和防敌害设施等。

5 雏鸡来源要求

雏鸡应来自具有种畜禽生产经营许可证和动物防疫条件合格证的种鸡场，并持有产地有效检疫合格证明。雏鸡的运输工具使用前应全面清洗、消毒。

6 营养要求

6.1 1日龄～30日龄

应采用雏鸡全价配合饲料；粗蛋白 20%～21%；代谢能 12 MJ/kg～12.3 MJ/kg；代谢能与粗蛋白的比为 72。

6.2 30日龄～60日龄

应采用全价配合饲料；粗蛋白 18%～19%；代谢能 12.5MJ/kg～12.7 MJ/kg；代谢能与粗蛋白的比为 63。

6.3 60日龄至出栏

应采用全价配合饲料或自配料；粗蛋白 16%；代谢能 13 MJ/kg；代谢能与粗蛋白的比为 51。

7 饲养管理

7.1 饲料和饮水

饲料卫生质量应符合 GB 13078 和《饲料和饲料添加剂管理条例》的要求。饮水卫生符合 GB 5749 的要求，自由饮水，提供充足的饮水。

7.2 育雏期

7.2.1 选雏

应选择平均体重在 30g 以上，大小均匀、健康活泼，腹部卵黄吸收好的初生雏鸡。

7.2.2 饮水

雏鸡出壳后 24h 内第一次饮水；经长途运输的雏鸡饮水时间不晚于 36h。出壳后前 72h，饮水中可加入维生素和矿物电解质。

7.2.3 饲喂

雏鸡应在第一次饮水 2h～3h 后饲喂；第 1 周宜自由采食；第 2 周宜每日饲喂 5 次～6 次；2 周后每日饲喂 3 次～4 次。

7.2.4 温度和湿度

育雏期内的温、湿度可按照表 1 调整。

表 1 育雏温度和湿度

饲养阶段	温度/℃	湿度/%
进雏前	33～35	65～75
第 1 周	32～35	65～75
第 2 周	29～32	60～70
第 3 周	26～29	55～60
第 4 周	23～26	45～55
第 4 周以后	每周下降 2℃～3℃，直至 18℃～23℃	45～55

7.2.5 光照

育雏期内的光照时间与光照强度可按照表 2 调整。

表 2 育雏光照时间与光照强度

饲养阶段	光照时间/h	光照强度/lx
1 日龄～2 日龄	24～23	20
2 日龄～8 日龄	23～18	20
8 日龄以后	每天逐步减少光照时间 1h；直至光照时间 8h 或保持自然光照	10

7.2.6 饲养密度

育雏鸡可采用笼养、垫料平养或高床网上平养等方式饲养，饲养密度可按照表3调整。

表3 育雏期采用不同饲养方式的饲养密度

饲养阶段	笼养/（羽/m²）	垫料平养/（羽/m²）	高床网上平养/（羽/m²）
第1周	45～50	35～40	40～45
第2周	40～45	30～35	35～40
第3周	35～40	25～35	30～35
第4周	30～35	20～25	25～30

7.2.7 通风

舍内空气质量应符合 NY/T 388 的要求。

7.3 放养期

7.3.1 过渡

5周龄～8周龄林下鸡舍舍饲；8周龄后，在天气晴朗、温度适宜的情况下逐渐实施林下放养。

7.3.2 分群

5周龄公、母鸡分群饲养，调整公、母鸡饲喂量，实行公、母鸡分期出栏。

7.3.3 饲喂和饮水

饲料质量应符合 NY 5032 的要求。5周龄～8周龄自由采食；9周龄至出栏每日补饲1次～2次。自由饮水，饮水器具应每天清洗、消毒。

7.3.4 饲养密度

7.3.4.1 林下养殖采用舍内饲养和林下放养相结合的饲养方式，舍内饲养采用垫料平养或高床网上平养，舍内饲养密度见表4。

表4 林下鸡舍内饲养密度

饲养阶段	垫料平养/（羽/m²）	高床网上平养/（羽/m²）
5周龄～8周龄	15～18	15～20
9周龄～12周龄	11～13	12～17
13周龄～16周龄	9～11	10～13
17周龄至出栏	6～8	8～10

7.3.4.2 林下放养应符合《中华人民共和国森林法》的要求，林下放养类型和林下放养密度见表5。

表5 林下放养密度

林下放养类型	植被覆盖度＞75%/（羽/亩）	植被覆盖度60%～75%/（羽/亩）	植被覆盖度45%～60%/（羽/亩）	植被覆盖度＜45%/（羽/亩）
防护林	60～80	50～60	40～50	30～40
用材林	50～60	40～50	30～40	20～30
经济林	40～50	30～40	20～30	10～20

7.3.5 林下放养时间

每年4月初至10月底为林下放养的最佳时期；每年11月至次年3月宜采用舍内养殖为主，林下放养为辅的养殖方式。夏季放养时间宜为每日上午7时至下午5时；冬季放养时间宜为每日上午10时至下午4时。

7.3.6 出栏日龄和体重

母鸡上市日龄宜大于150d，体重宜高于1.5kg；公鸡上市日龄宜大于120d，体重宜高于2.0kg。

8 综合防疫

8.1 兽药使用

用于预防和治疗的兽药及其使用方法应符合《兽药管理条例》的要求。

8.2 免疫接种

鸡场应根据《中华人民共和国动物防疫法》的要求，结合当地和鸡场实际情况，确定免疫接种内容和程序，并针对鸡新城疫和禽流感等重点疫病实施强制免疫。

8.3 消毒

鸡场的环境、人员、器具和鸡群的消毒应符合GB/T 25886和GB/T 16569的要求。

8.4 疫情处置

疫情处置应符合《中华人民共和国动物防疫法》的要求。

8.5 病死鸡及废弃物处理

病死鸡的处理应符合《病死动物无害化处理技术规范》的要求；废弃物的处理应符合GB 14554、GB/T 36195和GB/T 25246的要求。

8.6 灭鼠、驱虫

定期灭鼠和驱除蚊蝇，药物的使用应符合《兽药管理条例》的要求。

9 档案管理

档案的管理应符合《畜禽标识和养殖档案管理办法》的要求。

ICS 65.020.30
CCS B 43

DB50

重 庆 市 地 方 标 准

DB50/T 1154—2021

桑叶粉饲喂蛋鸡生产技术规范

2021-11-01 发布

2022-02-01 实施

重庆市市场监督管理局 发布

前　言

本文件按照 GB/T 1.1—2020《标准化工作导则　第 1 部分：标准化文件的结构和起草规则》的规定起草。

请注意本文件的某些内容可能涉及专利。本文件的发布机构不承担识别专利的责任。

本文件由重庆市农业农村委员会提出并归口。

本文件起草单位：重庆市合川区畜牧站、重庆市畜牧技术推广总站。

本文件主要起草人：周丽萍、潘晓、张科、罗仕伟、唐禄红、朱燕、彭广东、汪志、王德蓉、邓兴平、苏庆、张晶、王思海、何双双、李薇伊、甘蜜、孙小青、李小姝、刘芳莉、游浩、王炼、潘添博、何涛。

桑叶粉饲喂蛋鸡生产技术规范

1 范围

本文件规定了桑叶粉饲喂蛋鸡的术语和定义、选址与布局、设施与设备、引种、饲料、饲养管理、疫病防控、档案管理等内容。

本文件适用于用桑叶粉饲喂蛋鸡的养殖生产。

2 规范性引用文件

下列文件中的内容通过文中的规范性引用而构成本文件必不可少的条款。其中，注日期的引用文件，仅该日期对应的版本适用于本文件；不注日期的引用文件，其最新版本（包括所有的修改单）适用于本文件。

GB 5749　生活饮用水卫生标准

GB 13078　饲料卫生标准

GB 18596　畜禽养殖业污染物排放标准

HJ 568　畜禽养殖产地环境评价规范

NY/T 391　绿色食品　产地环境质量

NY/T 472　绿色食品　兽药使用准则

NY/T 682　畜禽场场区设计技术规范

NY/T 1167　畜禽场环境质量及卫生控制规范

NY/T 1168　畜禽粪便无害化处理技术规范

NY/T 2664　标准化养殖场　蛋鸡

3 术语和定义

下列术语和定义适用于本文件。

3.1

桑叶粉　mulberry leaf powder

天然桑叶经烘干、粉碎后形成的粉状物质。

4 选址与布局

4.1 选址

4.1.1 符合当地畜牧业发展规划、村镇建设规划和国家环保相关法律法规，符合动物防疫条件。

4.1.2 光照条件好，水源充足，水质符合 GB 5749 的规定，废弃物处理方便，交通便利，供电稳定。

4.1.3 环境要求符合 NY/T 1167 和 HJ 568 的规定。

4.2 布局

4.2.1 场内分为生产区、生活区、隔离区和废弃物无害化处理区，各区相互隔离、界限分明，并符合 NY/T 682 的规定。

4.2.2 废弃物处理设施应建在生产区和生活区常年主导风向的下风向或侧风向处。

5 设施与设备

5.1 建筑设施设备

5.1.1 鸡舍建筑采用全封闭式或半封闭式，建筑材料具有良好保温、隔热功能，地面和墙壁便于清洗，耐酸、碱等消毒药液腐蚀，并具备良好的防鼠、防鸟、防蚊蝇功能。

5.1.2 鸡场应配备饲料间、蛋库、兽医室、药品储备室和消毒设施等，并符合 NY/T 2664 的规定。

5.1.3 产蛋舍间距不低于 4 m，育雏舍（育成舍）与其他鸡舍间距应大于或等于产蛋鸡舍间距。

5.2 生产设施设备

5.2.1 产蛋鸡舍采用多层笼养设备。

5.2.2 鸡舍内应配备自动饮水、自动饲喂和自动环境控制设备。供水采用管道式供水系统，贮水设施和管路供水压力应达到 $1.5kg/cm^2 \sim 2.0kg/cm^2$。

5.2.3 排水采用雨污分流系统，污水采用暗管排入正常运转的污水处理设施。

5.2.4 生产区入口设置更衣、消毒室；人员通道配备自动喷淋或自动喷雾式消毒设备；鸡舍门口设置消 毒池或消毒垫。

6 引种

6.1 雏鸡来源

应来自有种畜禽生产经营许可证和动物防疫条件合格证的鸡场。

6.2 引种检疫

购进的雏鸡要附有动物检疫合格证明和非疫区证明。不得从禽病疫区引种。

6.3 消毒及运输

饲养雏鸡的隔离场和运输工具使用前应全面清洗和消毒。

6.4 隔离观察

到场后应隔离观察 30d，不同日龄的鸡群应分开，不能混群，并向当地畜牧兽医部门报告。官方兽医应到场监督、检查，并根据当地疫病流行情况加强免疫或补免。

7 饲料

7.1 桑叶粉应干燥、无霉变，粗蛋白含量应≥13％，粗纤维应≤18％，颗粒度应在 20 目～40 目。

7.2 桑叶粉添加量占饲料总配方的 3％～5％，总体营养水平达到产蛋阶段的营养需求水平。饲料应符合 GB 13078 的规定。

7.3 所选饲料添加剂应为农业农村部允许使用目录中的产品，不得使用违禁药物、工业合成的油脂、畜禽粪便作饲料原料。

8 饲养管理

8.1 密度

不同周龄的蛋鸡饲养密度可参考表 1。

表 1 饲养密度

周龄/周	密度/（只/m²）
1～2	60
3～4	40
5～7	34
8～11	24

表 1（续）

周龄/周	密度/（只/m²）
12～19	14
20 以上	8～9

8.2 温度

育雏第 1 周鸡舍温度为 32℃～35℃，根据气温和鸡的生理机能，以后每周下降 2℃～3℃，适宜温度控制在 15℃～25℃。

8.3 湿度

8.3.1 育雏舍第 1 周湿度保持在 60%～70%，第 2 周以后湿度为 55%～60%。

8.3.2 育成鸡、产蛋鸡舍湿度应控制在 40%～60%。

8.4 光照

不同周龄的蛋鸡光照时间及强度可参考表 2。

表 2 光照时间及强度

周龄/周	光照时间/h	光照强度/lx
1	22～24	40
2～8	10～12	20～10
9～19	8～9	10
20 以上	14～16	10

8.5 通风

8.5.1 采用自然通风和机械负压通风法。

8.5.2 根据雏鸡、育成鸡、产蛋鸡生理要求、鸡舍工艺特点、季节变化调整通风模式，确定通风量。

8.5.3 鸡舍空气质量应符合 NY/T 391 的规定。

8.6 饲养方式

8.6.1 采用全进全出饲养工艺。

8.6.2 产蛋期间饲喂含 3%～5% 桑叶粉的日粮。

9 疫病防控

9.1 消毒

9.1.1 门口消毒

9.1.1.1 场区门口应设置带棚消毒池。车辆消毒池宽度应与大门宽度相同，长度为 3.5m～4.0m；深度不小于 0.3m。

9.1.1.2 场内应杜绝外来人员参观，饲养员进鸡舍前应淋浴、消毒，更换干净的工作服和鞋帽。

9.1.1.3 鸡舍门口应设直径 50cm～100cm 的消毒池或消毒盆，定期更换安全、有效的消毒剂。

9.1.2 鸡舍消毒

9.1.2.1 每月定期带鸡消毒 1 次。

9.1.2.2 空舍期应彻底清扫、消毒，并空舍 2 周以上。

9.1.3 用具消毒

9.1.3.1 饮水器、料桶、料槽、水槽等应定期消毒。

9.1.3.2 医疗器械等要随用随时消毒。

9.2 免疫

应根据鸡场所在地区的疫病流行特点，研究制定科学合理的免疫程序，有选择性地开展禽流感、新城疫等疫病的防控工作。

9.3 兽药

按照 NY/T 472 的规定执行。

9.4 无害化处理

9.4.1 鸡粪

鸡粪处理应符合 GB 18596 和 NY/T 1168 的规定。

9.4.2 病死鸡

9.4.2.1 发生或疑似发生动物疫情时，应及时向当地畜牧兽医部门报告疫情，并配合开展诊断、处理工作。

9.4.2.2 病死鸡应作无害化处理。

10 档案管理

10.1 每批蛋鸡都应有完整的记录资料，并在清群后保存 2 年以上。

10.2 饲养蛋鸡所用的每个批次的饲料产品均应保留样品。留样应设标签，注明饲料品种、生产单位、生产日期、批次、生产负责人和采样人等事项。

10.3 兽药记录应包括名称、规格、数量、生产单位、批准文号、生产批号、主要成分及含量、作用与用途。

10.4 免疫程序记录应包括疫苗种类、使用方法、剂量、批号、生产单位、免疫时间、免疫反应情况、处理情况、免疫效果等事项。

10.5 患病鸡的预防和治疗记录包括发病时间及症状、预防和治疗用药的经过、药物种类、使用方法及剂量、治疗时间、疗程、所用药物的商品名称及主要成分、生产单位及批号、治疗效果等。

10.6 饲养日志记录包括鸡舍内温度、湿度、水与饲料消耗情况、生产性能、发病情况及死亡原因、无害化处理情况、清群时间及鸡只数量等。

ICS 65.020
CCS B 04

DB50

重 庆 市 地 方 标 准

DB50/T 1213—2022

南川鸡 品种

2022-03-25 发布   2022-07-01 实施

重庆市市场监督管理局 发布

前　言

本文件按照 GB/T 1.1—2020《标准化工作导则　第 1 部分：标准化文件的结构和起草规则》的规定起草。

请注意本文件的某些内容可能涉及专利。本文件的发布机构不承担识别专利的责任。

本文件由重庆市农业农村委员会提出并归口。

本文件起草单位：重庆市畜牧技术推广总站、重庆陆坪农业开发有限公司、南川区畜牧兽医渔业中心、西南大学、重庆市潼南区农业农村委员会、丰都县龙河镇农业服务中心。

本文件主要起草人：谭千洪、贺德华、谭宏伟、陈红跃、冯文书、刘安芳、张晶、景开旺、吴平、姚福吉、卢群志、荆战星、戴玉娇、赖鑫、谭群明。

南川鸡　品种

1　范围

本文件规定了南川鸡的术语和定义、品种来源和特性、体型外貌、体重和体尺、生产性能和测定方法。

本文件适用于南川鸡品种的品种鉴定、保种选育、种鸡（种苗、种蛋）出售。

2　规范性引用文件

下列文件中的内容通过文中的规范性引用而构成本文件必不可少的条款。其中，注日期的引用文件，仅该日期对应的版本适用于本文件；不注日期的引用文件，其最新版本（包括所有的修改单）适用于本文件。

NY/T 823　家禽生产性能名词术语和度量计算方法

3　术语和定义

本文件没有需要界定的术语和定义。

4　品种来源和特性

南川鸡是在重庆市南川区特殊的自然环境条件下，经长期封闭选育形成的肉蛋兼用型地方鸡种，具有抗逆性强、耐粗饲养、生产性能优良、产品风味独特等优点。主产于南川区境内。

5　体型外貌

5.1　雏鸡

雏鸡体型较小，结构匀称，体型略偏长，羽毛紧凑，羽色以黄色为主，尾羽发达、上翘，皮肤白色，喙以粉黄色为主，胫、跖以粉色为主。

5.2　成年鸡

5.2.1　公鸡

体型较高大，体质结实、雄壮；羽毛紧凑，羽色红黑，颈羽金黄发亮、鲜艳，带金属光泽，主、副翼羽和尾羽为黑绿色，皮肤白色；喙为黑色或粉黄色；脸红色，冠中等大，以单片为主，6齿～7齿，髯大而宽、红润；胫、跖以粉色为主，胫骨长，有少量脚羽。

5.2.2　母鸡

体型较小而圆，肌肉结实；羽色麻黄为主，少量淡黄，尾羽尖黑色，皮肤以白色为主，少量乌皮；脸红色，喙黑色或粉色、灰色；冠小、浅，冠型单片，头部清秀；胫、跖以粉色为主，胫细短，有少量脚羽。

6　体重和体尺

南川鸡成年（43周龄）体重和体尺见表1。

表 1 南川鸡成年体重和体尺

性别	体重/g	体斜长/cm	胸宽/cm	胸深/cm	龙骨长/cm	盆骨宽/cm	胫长/cm	胫围/cm
公	1 701±301	22.5±1.7	7.1±1.2	11.7±1.5	11.2±1.0	4.1±0.4	11.8±1.1	4.6±0.5
母	1 578±253	20.1±1.6	6.6±0.9	10.5±1.3	10.3±1.1	4.0±0.3	9.9±0.9	4.0±0.4

7 生产性能

7.1 生长发育性能

南川鸡不同生长发育阶段体重见表2。

表 2 南川鸡不同生长发育阶段体重

性别	初生重/g	4 周龄体重/g	8 周龄体重/g	18 周龄体重/g	24 周龄体重/g
公	29.6±1.2	122.2±10.1	256.6±20.2	1 290.6±208.3	1 925±302.6
母			239.4±25.9	1 115.2±197.7	1 652±257.9

7.2 屠宰性能

南川鸡屠宰性能见表3。

表 3 南川鸡屠宰性能

性别	宰前活重/g	屠体重/g	屠宰率/%	半净膛率/%	全净膛率/%	腿肌率/%	胸肌率/%	腹脂率/%
公	1 609±267	1 466±235	91.1±1.8	82.1±2.9	70.0±1.9	24.1±1.9	14.4±1.7	0.87±0.26
母	1 508±247	1 381±235	91.6±2.8	77.6±2.1	66.2±1.7	20.6±1.7	16.7±1.9	5.43±1.11

7.3 繁殖性能

南川鸡繁殖性能见表4。

表 4 南川鸡繁殖性能

开产日龄/d	开产体重/g	平均蛋重/g	年平均产蛋/枚	种蛋受精率/%	受精蛋孵化率/%	母鸡就巢率/%
190～210	1 150～1 300	44～48	130～150	≥90	≥92	≥80

7.4 蛋品质

南川鸡蛋品质见表5。

表 5 南川鸡蛋品质

蛋重/g	蛋形指数	蛋壳强度/（kg/cm²)	蛋壳厚度/mm	蛋壳色泽	哈氏单位	蛋黄比率/%
47.7±5.4	1.32±0.06	3.90±1.01	0.28±0.04	浅褐色	82.7±13.2	34.0±3.9

8 测定方法

按照 NY/T 823 的规定执行。

9 品种参考照片

南川鸡品种参考照片参见附录 A。

附　录　A
（资料性）
南川鸡品种参考照片

图 A.1　南川鸡公鸡群体

图 A.2　南川鸡母鸡群体

图A.3 南川鸡公鸡个体

图A.4 南川鸡母鸡个体

五、鸭

（1个）

ICS 65.020.30
B 43
备案号：32644—2012

DB50

重 庆 市 地 方 标 准

DB50/T 413—2011

麻 旺 鸭

2012-01-01 发布

2012-03-01 实施

重庆市质量技术监督局 发布

前　言

本文件按照 GB/T 1.1—2009《标准化工作导则　第 1 部分：标准的结构和编写》的规定起草。

请注意本文件的某些内容可能涉及专利。本文件的发布机构不承担识别专利的责任。

本文件由重庆市酉阳土家族苗族自治县畜牧兽医局提出并归口。

本文件起草单位：酉阳土家族苗族自治县畜牧兽医局、重庆市畜牧科学院、重庆市畜牧技术推广总站。

本文件主要起草人：方亚、陈红跃、黄勇富、夏元友、王阳铭、郑义、石胜吉、姚家志。

本文件由酉阳土家族苗族自治县畜牧兽医局、重庆市畜牧科学院、重庆市畜牧技术推广总站负责解释。

麻 旺 鸭

1 范围

本文件规定了麻旺鸭的术语和定义、外貌特征、生产性能、等级评定和鉴定要求。

本文件适用于麻旺鸭品种鉴定、保种选育、等级评定和种鸭（种苗、种蛋）生产经营。

2 规范性引用文件

下列文件对于本文件的应用是必不可少的。凡是注日期的引用文件，仅注日期的版本适用于本文件。凡是不注日期的引用文件，其最新版本（包括所有的修改单）适用于本文件。

GB 16567 种畜禽调运检疫技术规范

NY/T 823—2004 家禽生产性能名词术语和度量统计方法

3 术语和定义

3.1

麻旺鸭 Mawang duck

麻旺鸭是原产于酉阳土家族苗族自治县，分布在秀山、黔江、彭水等周边地区，在特殊的自然生态条件下，经长期封闭选育形成的小型蛋鸭地方优良品种，具有体重较轻、开产日龄早、产蛋量高、适应性较强、耐粗饲、耐高温高湿环境、抗逆性强、宜于稻田及河谷饲养等优点。

3.2

初生重 day-old weight

雏鸭出壳后24h内的重量，以克（g）为单位。随机抽取50只以上，个体称重后计算平均值。

3.3

活重 live weight

鸭禁食6h后的重量，以克（g）为单位。育雏和育成期至少称体重2次，即育雏期末和育成期末；成年体重在44周龄测量。每次至少随机抽取公、母各30只称重。

3.4

体斜长 body slope length

体表测量肩关节至坐骨结节的距离。

3.5

胸深 breast depth

用卡尺在体表测量第一胸椎到龙骨前缘的距离。

3.6

胸宽 breast width

用卡尺测量两肩关节之间的体表距离。

3.7

胫长 shank length

从胫部上关节到第三、四趾间的直线距离。

3.8

髋骨宽 pelvis width

两腰角间宽。

3.9

半潜水长 half-diving length

从嘴尖到髋骨连线中点的距离。

3.10

育雏期存活率 survivability during brooding period

育雏期末合格雏鸭数占入舍雏鸭数的百分比。

3.11

育成期存活率 survivability growing brooding period

育成期末合格育成鸭数占育雏期末入舍雏鸭数的百分比。

3.12

开产日龄 age at first egg

个体记录群以产第一个蛋的平均日龄计算。群体记录按日产蛋率达 50％的日龄计算。

3.13

产蛋数 age production

母鸭在统计期内的产蛋个数。

3.14

平均蛋重 average egg size

个体记录群每只母鸭连续称 3 个以上的蛋重，求平均值；群体记录连续称 3d 产蛋总重，求平均值；大型鸡场按日产蛋量的 2％以上称蛋重，求平均值。以克（g）为单位。

3.15

蛋型指数 egg-shape index

用游标卡尺测量蛋的纵径和横径。以毫米（mm）为单位，精确度为 0.1mm。计算公式：蛋形指数＝纵径/横径。

3.16

蛋壳强度 shell strength

将蛋垂直放在蛋壳强度测定仪上，钝端向上，测定蛋壳表面单位面积上承受的压力。单位为 kg/cm^2。

3.17

蛋壳厚度 shell thickness

用蛋壳厚度测定仪测定，分别取钝端、中部、锐端的蛋壳剔除内壳膜后，分别测量其厚度，求平均值。以毫米（mm）为单位，精确到 0.01mm。

3.18

蛋的比重 specific gravity of eggs

用盐水漂浮法测定。测定蛋比重溶液的配制与分级：在 1 000mL 水中加 NaCl 68g，定为 0 级，以后每增加一级，累加 NaCl 4g，然后用比重法校正所配溶液。见表1。

表 1 蛋比重分级

级别	0	1	2	3	4	5	6	7	8
比重	1.068	1.072	1.076	1.080	1.084	1.088	1.092	1.096	1.100

从 0 级开始，将蛋逐级放入配制好的盐水中，漂上来的最小盐水比重级即为该蛋的级别。

3.19

蛋黄色泽 yolk color

按罗氏（Roche）蛋黄比色扇的 30 个蛋黄色泽等级对比分级，统计各级的数量与百分比，求平均值。

3.20

蛋壳色泽　shell color

以白色、浅褐色（粉色）、褐色、深褐色、青色（绿色）等表示。

3.21

哈氏单位　haugh unit

取产出 24h 内的蛋称蛋重。测量破壳后蛋黄边缘与浓蛋白边缘的中点的浓蛋白高度（避开系带）；测量成正三角形的三个点；取平均值。计算公式：哈氏单位＝ $100 \times \lg$（H－$1.7 \times W^{0.37}$＋7.57）。

H——以毫米（mm）为单位测量的浓蛋白高度值。

W——以克（g）为单位测量的蛋重值。

3.22

血斑和血斑率　percents of blood and meat spots in eggs

统计含有血斑和肉斑的蛋的百分比，测定数不少于 100 个。计算公式：血斑和肉斑率＝带血斑和肉斑蛋数/测定总蛋数×100％。

3.23

种蛋合格率　percentage of setting eggs

指种鸡所产符合本品种、品系要求的种蛋数占产蛋总数的百分比。计算公式：种蛋合格率＝ 合格种蛋数/产蛋总数×100％。

3.24

受精率　fertility

受精蛋占入孵蛋的百分比。血圈、血线蛋按受精蛋计数，散黄蛋按未受精蛋计数。计算公式：受精率＝受精蛋数/入孵蛋数×100％。

3.25

受精蛋孵化率　hatchability of fertile eggs

出雏数占受精蛋数的百分比。计算公式：受精蛋孵化率＝出雏数/受精蛋数×100％。

3.26

宰前体重　slaughter weight

宰前禁食 6h 后称活重，以克（g）为单位记录。

3.27

屠宰率　dressed percentage

放血，去除羽毛、脚角质层、趾壳和喙壳后的重量为屠体重。计算公式：屠宰率＝屠体重/宰前体重×100％。

3.28

半净膛重　half-eviscerated weight

屠体去除气管、食道、嗉囊、肠、脾、胰、胆和生殖器官、肌胃内容物以及角质膜后的重量。

3.29

全净膛重　eviscerated weight

半净膛重减去心、肝、腺胃、肌胃、肺、腹脂和头脚的重量。去头时在第一颈椎骨与头部交界处连 皮切开；去脚时沿跗关节处切开。

4　外貌特征

4.1　雏鸭

绒毛以黄色为主，头顶、背部、翅部和尾部毛根有褐色或浅褐色。

4.2 成年公鸭

体型小且紧凑，颈细长，头目清秀。喙长而直，为橘黄色，少量喙呈青色，头和颈上部羽毛为墨绿色，有金属光泽，颈中部有白色羽圈，背部羽毛为褐色或黑色，尾羽为黑色，镜羽为墨绿色、褐色，胫、蹼为橘黄色。

4.3 成年母鸭

体型小且紧凑，颈细长，头目清秀。胸宽，喙、胫、蹼呈橘黄色，被毛以浅麻为主，少量深麻。

5 生产性能

5.1 60日龄、100日龄、300日龄体重和体尺

60日龄、100日龄、300日龄的体重和体尺指标见表2。

表2 不同生产阶段的体重及体尺

日龄/d		体重/g	体斜长/cm	胸深/cm	胸宽/cm	龙骨长/cm	骨盆宽/cm	胫长/cm	胫围/cm	半潜水长/cm
60	公鸭	≥550	≥14.4	≥4.2	≥4.0	≥5.5	≥3.5	≥5.6	≥3.0	≥37.2
	母鸭	≥500	≥13.4	≥4.0	≥3.9	≥5.3	≥3.2	≥5.2	≥2.8	≥35.5
100	公鸭	≥1 025	≥17.5	≥5.5	≥6.2	≥9.8	≥4.3	≥6.3	≥3.4	≥48.2
	母鸭	≥1 050	≥17.2	≥5.2	≥6.2	≥9.6	≥4.4	≥6.0	≥3.2	≥45.8
300	公鸭	≥1 100	≥20.0	≥5.9	≥6.5	≥10.5	≥4.6	≥6.5	≥3.5	≥51.2
	母鸭	≥1 250	≥19.0	≥5.6	≥6.6	≥10.2	≥4.7	≥6.2	≥3.3	≥47.7

5.2 繁殖性能

公鸭性成熟较早，可配种日龄不高于110d；母鸭开产日龄不高于110d，无就巢性，年产蛋数不低于240个，平均蛋重不低于60g，白壳蛋不高于80%，青壳蛋不低于15%。公、母配比为1：(20~25)；受精率不低于90.0%，受精蛋孵化率不低于90.0%。

5.3 蛋品质

蛋形指数不低于1.25，蛋壳强度不低于4.5kg/cm²，蛋壳厚度不低于0.30mm，蛋的比重不低于1.080，蛋黄色泽不低于7.5级，蛋壳色泽粉色，少数浅粉色，哈氏单位不低于75.00，血斑和肉斑率不高于6%，蛋黄比率不低于30.00%。

5.4 产肉性能

公鸭屠宰率不低于85.0%，半净膛重不低于850g，全净膛重不低于740g；母鸭屠宰率不低于84.0%，半净膛重不低于820g，全净膛重不低于700g。

6 等级评定

6.1 等级划分

6.1.1 种蛋及种雏

按表3内容确定合格的种蛋和种雏。

表3 种蛋及种雏合格要求

类别	标准
种蛋	血缘清楚，来自3级以上（含3级）的健康鸭群
	蛋壳玉白色或青壳色
	蛋重60g以上，蛋形正常，无畸形
	受精率90.0%以上，孵化率90.0%以上

表 3（续）

类别	标准
种雏	血缘清楚，双亲均在 3 级以上（含 3 级）的健康种群
	出壳体重 35g 以上
	母鸭为淡黄色，公鸭为黑色，发育正常，活泼好动

6.1.2 公、母鸭等级

在合格的麻旺鸭种蛋及其孵出的种雏基础上，等级评定按表 4 内容进行。

表 4　100 日龄和 300 日龄种鸭等级标准

性别	等级	100 日龄体重/g	300 日龄体重/g	开产日龄/d	产蛋数/个	蛋重/g
公	1	951～1 050	1 051～1 150	—	—	—
	2	851～950 1 051～1 150	951～1 050 1 151～1 250	—	—	—
	3	751～800 1 151～1 250	851～950 1 251～1350	—	—	—
母	1	1 051～1 150	1 151～1 250	100～110	140～149	60～64
	2	951～1 050 1 151～1 250	1 051～1 150 1 251～1 350	111～120	130～139	55～59
	3	851～950 1 251～1 350	951～1 050 1 351～1 450	121～130	120～129	50～54

注：麻旺鸭种鸭选择不宜为纯正向或负向选择。

6.2 评定方法

6.2.1 评定范围及依据

凡外貌特征符合品种要求，发育正常，血缘清楚，3 级以上（含 3 级）种鸭繁殖后代，均可参加评定。

6.2.2 评定时间

种鸭评定分别在 100 日龄和 300 日龄 2 个阶段进行。

6.2.3 评定方法

100 日龄公鸭根据体重和雄性特征评定；母鸭根据体重评定。300 日龄公鸭根据体重和雄性特征评定；母鸭根据体重、开产日龄、产蛋数及蛋重综合评定。

7 鉴定规则

7.1 由麻旺鸭选育技术小组组织相关人员开展麻旺鸭的品种鉴定工作，鉴定方法按照本文件执行。

7.2 根据综合评定结果鉴定麻旺鸭，主要有体型外貌、体尺、蛋的质量、雏鸭、100 日龄体重、300 日龄体重及开产日龄、产蛋数及蛋重等。

7.3 鉴定阶段分为 100 日龄、300 日龄 2 个阶段进行。

7.4 未达到 3 级标准的不能作种用。

7.5 外售的种鸭必须经过鉴定合格，有种畜禽合格证，并符合 GB 16567 和《中华人民共和国畜牧法》的要求。

六、鹅

（1个）

ICS 67.120.10
X 10/29

DB50

重 庆 市 地 方 标 准

DB50/T 950—2019

荣昌卤鹅加工技术规范

2019-12-02 发布

2020-03-01 实施

重庆市市场监督管理局 发布

前　言

本文件按照 GB/T　1.1—2009《标准化工作导则　第 1 部分：标准的结构和编写》的规定起草。

本文件由重庆市农业农村委员会提出并归口。

本文件起草单位：重庆市畜牧科学院、重庆市荣昌区小罗食品科技开发有限公司。

本文件主要起草人：钟正泽、解华东、布丽君、李星、张晓春、李睿、景绍红、欧秀琼、罗德建。

荣昌卤鹅加工技术规范

1 范围

本文件规定了荣昌卤鹅加工过程中的原辅料要求、加工要求、贮存和记录要求。

本文件适用于荣昌卤鹅的加工过程。

2 规范性引用文件

下列文件对于本文件的应用是必不可少的。凡是注日期的引用文件，仅注日期的版本适用于本文件。凡是不注日期的引用文件，其最新版本（包括所有的修改单）适用于本文件。

GB 2707—2016   食品安全国家标准   鲜（冻）畜、禽产品

GB 2716—2018   食品安全国家标准   植物油

GB 2760—2014   食品安全国家标准   食品添加剂使用标准

GB/T 5461—2016   食用盐

GB 7718—2011   食品安全国家标准   预包装食品标签通则

GB 14881—2013   食品安全国家标准   食品生产通用卫生规范

GB 14930.1—2015   食品安全国家标准   洗涤剂

GB 14930.2—2012   食品安全国家标准   消毒剂

GB/T 15691—2008   香辛料调味品通用技术条件

GB 19303—2003   熟肉制品企业生产卫生规范

GB/T 19480—2009   肉与肉制品术语

GB/T 29342—2012   肉制品生产管理规范

3 术语和定义

下列术语和定义适用于本文件。

3.1

荣昌卤鹅

以经过三抠三漂洗的白鹅胴体为原料，经卤制、出锅、冷却等工艺生产的具有皮薄肉嫩、卤香浓郁特征的熟鹅制品。

3.2

三抠三漂洗

抠除内脏，抠除食管和气管，抠除肛门异物；抠除内脏之前漂洗，三抠工序完成后漂洗，下锅卤制之前漂洗。

3.3

卤水

用水、香辛料和食用油等原材料按一定比例和程序调制而成的卤制液。

4 原辅料要求

4.1 原料

鹅胴体应来自非疫区，并经检疫检验合格，符合 GB 2707 的要求。原料鹅胴体重宜在 2.0kg～3.0kg。

4.2 辅料

辅料应符合国家相关规定的要求。

4.3 食品添加剂

4.3.1 质量应符合相关国家标准的规定。

4.3.2 使用范围和用量应符合 GB 2760 的规定。

5 加工要求

5.1 基本要求

5.1.1 生产企业应保持环境干净整洁，安装有防鼠、防蝇、防虫设施。

5.1.2 从业人员需持有健康证。

5.1.3 与物料直接接触的生产设备材料应满足食品安全卫生需要。生产设备及工器具的洗涤、消毒等依据 GB 14930 的标准执行。

5.2 加工工艺要求

5.2.1 鹅胴体、卤水、卤制的处理工艺流程分别见图 1、图 2、图 3。

原料鹅胴体 ⟶ 解冻 ⟶ 三抠三漂洗 ⟶ 沥水

图 1　鹅胴体的处理工艺流程

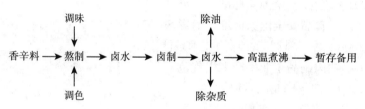

图 2　卤水的处理工艺流程

图 3　卤制工艺流程

5.2.2 解冻

解冻池以二氧化氯消毒，将冻鹅放入解冻池，加入自来水浸泡解冻，水温控制在 5℃～10℃，浸泡至鹅胴体完全解冻即可。

5.2.3 清洗

按照三抠三漂洗的具体要求执行。

5.2.4 沥水

清洗过的鹅胴体沥干表面水分，沥水时间不少于 15 min。

5.2.5 卤液配制及处理如下。

　　a）调味。卤制之前卤水需要调整卤味，一口卤锅（可以卤制 50 只鹅，卤水重约 230kg）添加 2kg 左右的混合香辛卤料（根据各个企业的生产配方而定）。

　　b）调色。先放油至锅中，加热至油温（150±10）℃，再按 2∶98 的油糖比例加入白砂糖，连续搅拌，待糖色呈现出亮黄色后，加入总糖量 45％～50％的冷水冷却出锅，将糖色按照 1∶（80～100）

的比例加入卤水 中（可根据生产实际情况调整比例），搅拌均匀。

　　c) 卤水。卤水在使用之前应加热煮沸，再静置 3min～5min，油水分层后，将卤锅中的浮沫和浮油取走，过滤备用。

5.2.6 卤制

保持卤液微沸，将鹅胴体放入卤锅中，卤制时间按照原料鹅的大小而定，控制在 50min～60min，其间要注意翻锅和扎孔入味。卤制 20min 后开始翻锅，尽快将鹅体翻转 180°，在腿部、胸 部等肉质肥厚的部位扎孔。

5.2.7 起锅

产品卤制达到时间要求后，用铁签扎鹅的腿部，观察是否有血渍渗出，判断产品是否卤 熟，产品卤熟后及时起锅。

5.2.8 冷却

起锅后的卤鹅放入专用容器中，迅速置于冷却间降温，使产品中心温度迅速降至 25℃ 以下。

5.2.9 包装

使用的产品包装容器与材料应符合国家标准的相关规定，防止有毒、有害物质的污染。

5.2.10 杀菌

需要长时间贮存或运输的产品，冷却后用高温蒸煮袋真空包装，放入高温杀菌釜中以高温、高压杀菌，杀菌温度为 121℃，杀菌时间为 10 min。

6 贮存

杀菌产品的贮存应符合 GB 20799 的相关规定。

7 记录与文件管理

7.1 每批进厂的原料应有产地、规格和数量记录。

7.2 产品应有销售记录。

7.3 以上记录保留时间应不少于 2 年。